计算机技术
开发与应用丛书

移动GIS开发与应用

基于ArcGIS Maps SDK for Kotlin

董 昱 ◎ 著

清华大学出版社

北京

内容简介

本书以基础知识和实例相结合的方式，详细介绍ArcGIS Maps SDK for Kotlin的基本使用方法，包括地图与图层、地理定位、几何体与图形绘制、要素图层、空间查询、数据管理及数据编辑等常用的移动GIS技术。

全书共8章，第1章和第2章介绍移动GIS的发展方向和开发策略，创建并运行第1个地图应用程序；第3章和第4章介绍Android开发的基础知识，包括编程语言基础、应用配置、界面开发、Activity管理、运行调试等方面内容；第5～8章介绍ArcGIS Maps SDK for Kotlin的基本用法，包括地图定位、图形叠加、图形绘制、标注与符号化、要素查询、数据编辑等。

本书既适合作为高等院校的教材，也适合开发者、研究人员及广大GIS爱好者阅读。无论是否具有移动GIS的开发基础，也无论是否了解ArcGIS Maps SDK都可以打开本书，一览究竟。

版权所有，侵权必究。举报：010-62782989，beiqinquan@tup.tsinghua.edu.cn。

图书在版编目(CIP)数据

移动GIS开发与应用：基于ArcGIS Maps SDK for Kotlin / 董昱著. -- 北京：清华大学出版社，2024.11. -- (计算机技术开发与应用丛书). -- ISBN 978-7-302-67703-1

Ⅰ.P208

中国国家版本馆CIP数据核字第2024CL0983号

责任编辑：赵佳霓
封面设计：吴　刚
责任校对：韩天竹
责任印制：刘海龙

出版发行：清华大学出版社
网　　址：https://www.tup.com.cn，https://www.wqxuetang.com
地　　址：北京清华大学学研大厦A座
邮　　编：100084
社 总 机：010-83470000
邮　　购：010-62786544
投稿与读者服务：010-62776969，c-service@tup.tsinghua.edu.cn
质量反馈：010-62772015，zhiliang@tup.tsinghua.edu.cn
课件下载：https://www.tup.com.cn，010-83470236

印 装 者：三河市天利华印刷装订有限公司
经　　销：全国新华书店
开　　本：186mm×240mm
印　　张：18.25
字　　数：422千字
版　　次：2024年12月第1版
印　　次：2024年12月第1次印刷
印　　数：1～1500
定　　价：59.00元

产品编号：105506-01

前言
PREFACE

党的二十大报告中指出：教育、科技、人才是全面建设社会主义现代化国家的基础性、战略性支撑。必须坚持科技是第一生产力、人才是第一资源、创新是第一动力，深入实施科教兴国战略、人才强国战略、创新驱动发展战略，这三大战略共同服务于创新型国家的建设。高等教育与经济社会发展紧密相连，对促进就业创业、助力经济社会发展、增进人民福祉具有重要意义。

移动互联网高速发展使移动设备普及率逐年攀升。如今，绝大多数人已经离不开智能手机，并且已深度融入我们的日常生活中。移动 GIS 就是运行在移动设备上的地理信息系统，是 WebGIS 之后的又一个新的技术热点，在路径导航、野外采样、地质勘查及城市规划等方面具有重要应用。移动设备具有自身独特的特性，具有有限的硬件资源（性能、电量等），但却拥有者丰富的传感器，可以随时定位并获取周围环境数据，使移动 GIS 的应用场景和传统的桌面 GIS 和 WebGIS 具有很大不同，无论是普通用户的地图导航，还是专业用户的野外勘察都离不开移动 GIS 的帮助。

ArcGIS Maps SDK 是 ESRI 于 2022 年针对各类硬件平台推出的全新的 Native SDK，沿用了先前 ArcGIS Runtime SDK 的框架设计，但拥有更强大的功能和更高的性能。对于移动 GIS 平台，ArcGIS Maps SDK for Kotlin 和 ArcGIS Maps SDK for Swift 不再支持陈旧的 Java 和 Objective-C 编程语言，这是为了使用 Kotlin 和 Swift 更高级的语言特性和语法糖，使开发者能够更加高效且便捷地开发移动 GIS 应用程序。本书面向学生、开发者、研究人员及广大 GIS 爱好者，着重介绍 ArcGIS Maps SDK for Kotlin 的基本用法。为了方便初学者学习参考，本书还专门设计了 Kotlin 语法和 Android 开发的基础章节。

资源下载提示

素材（源码）等资源：扫描封底的文泉云盘防盗码，再扫描目录上方的二维码下载。

本书的写作得到了河北师范大学地理科学学院傅学庆老师的大力支持，同时感谢 2020 级、2021 级地理信息系统专业同学们的支持和鼓励。感谢清华大学出版社赵佳霓编辑在本书写作中提出的宝贵意见,感谢我的爱人王娜,以及我的两个儿子董沐晨松、董沐晨阳的支持。限于作者的水平有限,书中难免存在不妥之处,恳请广大读者批评指正。

感谢读者对本书的支持和鼓励,祝大家身体健康,学有所获!

董　昱

2024 年 9 月

目 录
CONTENTS

教学课件(PPT)

本书源码

第1章　移动 GIS 开发概述 ··· 1

1.1　移动操作系统概述 ··· 1
  1.1.1　移动操作系统 ·· 2
  1.1.2　Android 操作系统 ··· 6
  1.1.3　iOS 操作系统 ·· 9

1.2　移动 GIS 应用开发 ·· 11
  1.2.1　移动 GIS 应用开发平台 ·· 11
  1.2.2　ArcGIS 开发平台 ··· 13

1.3　移动 GIS 发展趋势 ·· 19

1.4　本章小结 ··· 22

1.5　习题 ··· 22

第2章　第1个地图应用 ·· 23

2.1　Android 开发环境搭建 ·· 23
  2.1.1　安装和配置 Android Studio ··· 23
  2.1.2　第1个 Android 应用程序 ·· 28
  2.1.3　运行和调试 Android 应用程序 ·· 35

2.2　通过 ArcGIS Maps SDK 显示地图 ·· 43
  2.2.1　申请 API Key 和许可 ··· 43
  2.2.2　显示二维地图(MapView) ·· 46
  2.2.3　显示三维地图(SceneView) ··· 53

2.3　本章小结 ··· 55

2.4　习题 ··· 55

第 3 章 Kotlin 快速入门 ... 56

3.1 Kotlin 基本语法 ... 56
- 3.1.1 运行和调试 Kotlin 代码 ... 57
- 3.1.2 常量和变量 ... 59
- 3.1.3 函数 ... 62
- 3.1.4 Lambda 表达式 ... 64
- 3.1.5 协程 ... 65

3.2 基本逻辑控制 ... 66
- 3.2.1 条件结构 ... 66
- 3.2.2 循环结构 ... 70

3.3 字符串和集合类型 ... 73
- 3.3.1 字符串 ... 73
- 3.3.2 集合类型 ... 76

3.4 面向对象编程 ... 78
- 3.4.1 类和对象 ... 78
- 3.4.2 继承 ... 79
- 3.4.3 成员可见修饰符 ... 83
- 3.4.4 接口 ... 85
- 3.4.5 单例模式 ... 87

3.5 空安全 ... 88
- 3.5.1 可空类型 ... 88
- 3.5.2 可空类型的安全调用 ... 89

3.6 本章小结 ... 91

3.7 习题 ... 92

第 4 章 Android 开发基础 ... 93

4.1 Activity 及其基本用法 ... 93
- 4.1.1 再谈 Activity ... 93
- 4.1.2 Activity 的生命周期 ... 95

4.2 常用布局和视图 ... 99
- 4.2.1 线性布局和文本视图 ... 100
- 4.2.2 相对布局和图像视图 ... 106
- 4.2.3 约束布局和按钮控件 ... 112

4.3 为地图应用增加登录界面 ... 119
- 4.3.1 登录界面设计 ... 120

	4.3.2 Activity 的跳转	127
4.4	本章小结	128
4.5	习题	129

第 5 章 地图与定位 · 130

- 5.1 地图控件、地图和图层 · 130
  - 5.1.1 地图控件 · 131
  - 5.1.2 地图 · 138
  - 5.1.3 空间参考 · 145
- 5.2 图层 · 147
  - 5.2.1 图层及其子类 · 148
  - 5.2.2 通过本地数据创建图层 · 149
  - 5.2.3 通过在线数据创建图层 · 160
- 5.3 定位功能的实现 · 166
- 5.4 本章小结 · 174
- 5.5 习题 · 175

第 6 章 图形和符号化 · 176

- 6.1 几何体和图形 · 176
  - 6.1.1 几何体 · 178
  - 6.1.2 几何体工具类 · 185
  - 6.1.3 图形和图形叠加层 · 186
- 6.2 符号化 · 191
  - 6.2.1 符号 · 191
  - 6.2.2 渲染器 · 198
- 6.3 几何体绘制与编辑 · 204
- 6.4 本章小结 · 212
- 6.5 习题 · 212

第 7 章 要素图层与查询 · 213

- 7.1 要素图层 · 213
  - 7.1.1 要素表与要素图层 · 213
  - 7.1.2 要素服务 · 219
- 7.2 Query 查询 · 226
  - 7.2.1 Query 查询的基本用法 · 226
  - 7.2.2 请求模式 · 234

7.3 Identify 查询 ·· 235
　　7.3.1 Identify 查询的基本用法 ·· 235
　　7.3.2 弹出气泡提示 ·· 238
　　7.3.3 要素图层和属性表的联动 ··· 240
7.4 本章小结 ·· 249
7.5 习题 ·· 249

第 8 章 数据持久化和数据编辑 ··· 250

8.1 数据持久化 ·· 250
　　8.1.1 移动数据库 SQLite ··· 250
　　8.1.2 移动 GIS 数据库 ··· 254
　　8.1.3 移动地理数据库 ··· 258
8.2 通过 ArcGIS Maps SDK 操作移动 GIS 数据库 ··· 260
　　8.2.1 访问移动地理数据库和 GeoPackage ·· 260
　　8.2.2 数据编辑 ·· 267
8.3 本章小结 ·· 280
8.4 习题 ·· 280

第 1 章 移动 GIS 开发概述

地理信息系统(Geographic Information System,GIS)是地理学与信息技术的交叉学科,是以地理空间数据为研究对象,构建地理信息模型,形成系统化的管理理论和工具。GIS 在自然资源管理、国土空间规划、减灾救灾预案、交通运输导航等各行各业中具有广泛的应用。随着互联网、遥感等领域的高速发展,地理空间数据的获取成本越来越低,GIS 逐渐组件化、轻量化,从专业应用走向了寻常百姓家。

移动 GIS(Mobile GIS)是指以移动设备为载体的地理信息系统。移动互联网的广泛发展使移动 GIS 逐渐成为地理信息系统领域的重要发展方向,其主要特点如下。

(1) 便携性:移动设备易于携带,可以随时随地地进行地理信息数据的采集、查询、分析和定位。

(2) 实时性:移动设备可以实时接收和处理地理信息数据,提供实时的地理信息服务。

(3) 高效性:移动 GIS 可以快速地获取和处理地理信息数据,提高工作效率。

(4) 广泛性:由于移动设备的应用范围广泛,因此移动 GIS 可以用于各种领域,如交通、环保、物流、旅游等。

鉴于以上特点,移动 GIS 在地理空间数据的采集和表达等方面具有不可比拟的优势。

本章从移动操作系统出发,介绍移动应用开发的基础知识,以及移动 GIS 的开发平台、现状和发展趋势,核心知识点如下:

- 移动操作系统
- Android 和 iOS 移动开发框架
- ArcGIS Maps SDK
- 移动 GIS 开发平台
- 移动 GIS 的发展趋势

1.1 移动操作系统概述

操作系统(Operation System,OS)是连接硬件和软件之间的桥梁,是软件开发框架的基座。笔者认为,操作系统是连接各类软硬件的桥梁,处于 IT 技术的核心位置,是任何 IT

产品都无法逃脱的,因此,了解操作系统的发展步伐对于掌握应用开发行业的发展趋势至关重要。

顾名思义,移动操作系统(Mobile Operation System)是建立在移动设备上的操作系统。目前,移动操作系统的主流市场被 Android 和 iOS 瓜分。本节从移动互联网时代的特征、变迁和演进入手,介绍移动开发的主要特征,并浅析 Android 和 iOS 两种重要的开发框架。

1.1.1 移动操作系统

21 世纪以来,随着互联网的高速发展,计算机终端形态发生了巨变。过去的 20 年实现了从固定终端到移动终端的改变,从 2000—2009 年的桌面互联网时代发展到 2010 年以来的移动互联网时代,并逐步向物联网时代迈进,如图 1-1 所示。

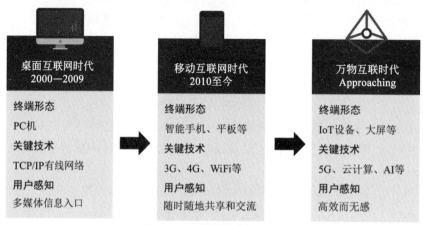

图 1-1　互联网的时代变迁

1. 迈向万物互联时代

移动互联网(Mobile Internet,MI)是一种通过智能移动终端,采用移动无线通信方式实现的各类业务和服务。从 2010 年开始,移动互联网开始迅猛发展,至今已经成为我们日常生活的一部分。根据移动数据和分析公司 App Annie 发布的《2022 年移动状态报告》,2021 年全球移动设备使用量为 3.8 万亿小时,中国用户使用手机时长全球排名第 17 名,平均每天使用 3.3h。随处可见的移动设备使各种类型应用(Application,App)不断发展演进,深入渗透在我们日常的学习、生活和工作之中。很难想象,许多人(包括笔者在内)离开手机一段时间后,甚至会出现失落感和不安全感。很多人将这种"手机依赖症"理解为畸形的社会现象,但也直截了当地证明了移动互联网时代的繁荣。

随着大部分移动应用场景被头部企业霸占,移动互联网行业也逐渐形成了成熟而稳定的结构。各互联网企业为了寻找利润增长点,移动应用通常不再聚焦在某个具体的功能,而是不断将功能泛化,以便获得更高的用户量,这主要有以下两种模式。

(1) 轻量化子应用形态:例如微信和支付宝等应用使用公众号、小程序等方式对程序功能进行二次分发。例如,微信中已经充斥着的各类小程序超过 2500 万个,以至于单使用微信可能就能满足普通用户绝大多数的应用需求。为了与之抗衡,九大手机厂商基于硬件平台共同推出了快应用生态,华为鸿蒙操作系统也专门设计了 HAP 形式的应用分发方式。

(2)注意力经济的加速:在许多移动应用中通过短视频、短评论等方式培养潜在用户,利用"注意力经济"提高用户在应用中的停留时间。注意力经济是指企业最大限度地吸引用户或消费者的注意力,通过培养潜在的消费群体,以期未来获得最大商业利益的一种特殊的经济模式。这种经济模式向传统的经济规律发起挑战:在注意力经济中,注意力既是一种可交易的"商品",又是一种无法超发且币值无比稳定的"货币",还是一种类似于土地、劳动、资本等实体经济要素及技术、人力资本、信息等无形经济要素的数字时代"生产要素"。

移动应用功能泛化现象似乎预示着移动互联网时代仍有待变革,应用形态和功能性质需要重新思考。移动应用功能泛化虽然在一定程度上会方便用户,但也会招致用户的反感。目前手机应用的安装文件大小几乎很少小于 100MB,甚至许多已经超出了 1GB。2011 年初版微信只有 457KB,经过了 12 年的时间已经达到了 232MB,使用过程中还会占据大量的存储空间。动辄就是百兆级的应用程序使用户产生了"存储空间焦虑"和"下载焦虑"。如非必要,许多人并不愿意下载软件了。单一功能的应用甚至无法"独善其身"。例如,大多数人更愿意使用微信、支付宝小程序打开健康码,而不愿意单独下载独立的健康码应用程序。

注意 移动应用的功能泛化和 UNIX 和 Linux 应用产生了鲜明的对比。在 UNIX 和 Linux 操作系统中,单一的应用(命令)通常只用于完成特定的功能,具有极小的功能粒度,这也成为 Linux 哲学中的一部分。

类似地,硬件也存在功能泛化的问题,独立的手机(或者平板)集成了越来越多的传感器,然而传感器却难以在设备之间互联共享。另外,普通用户家中的独立的物联网设备也逐渐丰富。根据 Analytics 的统计结果,截至 2022 年上半年,全球物联网设备数量达到了 144 亿台,而中国的物联网设备连接数量占到了全球的 75% 左右。手机、平板、电视、可穿戴设备等越来越多,然而,这些物联网设备在绝大多数情况下是碎片化的。许多头部企业(如华为、苹果、小米等)在创造彼此割裂的智能家居体系,意在将这些设备进行有机组合,为用户提供更加高效且智能的终端系统。

这些痛点正是万物互联时代的机会。对于不同的人来讲,对这个时代具有不同的理解,但是在软件层面上,普通消费者将很难接受相互割裂而功能泛化的应用程序,取而代之的应该是小而精、简单易用的应用程序。从开发模式上,万物互联时代也会经历一场深刻的变革。传统的 Android 和 iOS 应用架构可能不再是主流,取而代之的是华为的 ArkUI、苹果的 SwiftUI 及谷歌的 Flutter 等。这些应用架构至少具有以下几个特点:

- 简化前端功能,突出性能,提高响应能力。
- 通过声明式 UI 提高 UI 代码的复用能力,降低代码量。
- 具有和传统 Web 开发更加类似的开发模式。

在 1.3 节,还会详细分析未来移动应用的特点。

2. 操作系统的变革

显然，操作系统更迭的背后是设备能力与形态的革新。最初，PC 图形显示能力的提升成就了 macOS、Windows；21 世纪，移动设备的发展成就了 Symbian；随后，触摸技术的发展成就了 iOS 和 Android。

截至 2022 年末，当前 Android 和 iOS 仍然二分天下。根据目前公布的数据来看，全球使用的活跃 Android 设备超过 30 亿台，苹果设备（包括 iOS、macOS 等）超过 18 亿台。Statista 统计结果显示，2022 年第 4 季度，Android 和 iOS 占据全球移动操作系统市场份额 99.40%，其中 Android 占比 71.10%，iOS 占比 28.30%，如图 1-2 所示。

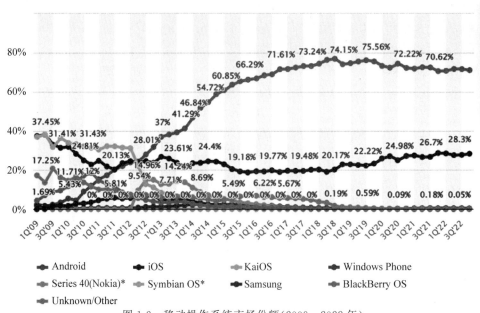

图 1-2　移动操作系统市场份额（2009—2022 年）

如今，万物互联时代又催生了许多操作系统。华为已经公布了物联网操作系统 HarmonyOS、HarmonyOS NEXT 及其开源版本 OpenHarmony，谷歌正在加速研发多平台操作系统 Fuchsia OS，而小米的 HyperOS、Vivo 的 BlueOS 也正在不断向前迈进。苹果似乎并没有研发全新的操作系统，看似止步不前，但在积极推进 iOS、macOS、visionOS、tvOS 等平台上统一的开发模式，并设计了接力（Handoff）通用剪贴板、隔空投送（AirDrop）等多平台交互方式，用另外一种方式迎合万物互联。

3. 移动应用开发的特点

应用开发需要充分考虑开发平台及其整个架构，应用程序需要符合平台特征。相对于传统的桌面应用开发和 Web 应用开发，移动应用开发具有以下几个主要的特点。

1）硬件上，传感器更加丰富，资源更加有限

移动设备具有丰富且敏感的传感器。例如，移动设备搭载了卫星定位传感器，可以接受来自北斗、GPS、GLONASS 等卫星系统的信号进行定位，还可以结合 WiFi 网络和基站信息对定位进行进一步校准。再如,在地理空间数据采集过程中,还可以通过相机、气压传感器、温度传感器等获得更多的信息,而传统的设备很难做到将这些传感器集成在一起。

不过,移动设备的资源却比较有限,特别是电量(能源)和内存。在应用开发过程中,需要注重性能管理和内存管理。例如,根据应用场景适当降低定位精度和频率,可以有效地提高续航能力。对内存进行高效管理,否则会产生卡死或者闪退的情况。对于设计不够充分的应用,即使没有到达被系统杀死进程,也会带来不良的用户体验。

2) 软件上,场景更加丰富,操作也更加多样

相对于硬件特征,移动应用开发中的软件特征将表现得更加突出,主要体现在操作方式、布局方式和应用场景等方面。

(1) 操作方式:移动设备采用触摸作为主要的交互方式,而传统设备通常使用鼠标键盘作为交互方式,如图1-3所示。

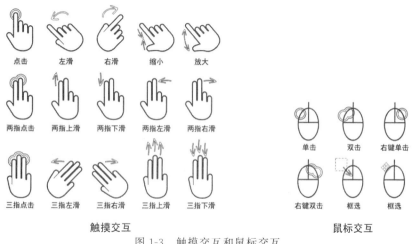

图1-3 触摸交互和鼠标交互

在单手握持手机时,通常右手拇指是主要操作手指,因此常用的交互逻辑要靠近屏幕的右下角,以方便操作。菜单栏和导航栏也常常处于屏幕底端,以便进行操作。

(2) 布局方式:相对于桌面端,移动设备的屏幕更小,因此更需要突出重点信息和交互控件,将用户关心的数据加强显示,将经常操作的按钮放在突出位置。在桌面端可以实现多页面(多窗口)操作,但是移动端通常只能显示独立的页面。移动设备的尺寸和分辨率众多,针对不同的移动设备类型(平板、手机)也需要对界面进行适配,如图1-4所示。

另外,移动设备屏幕尺寸和像素密度多种多样,屏幕尺寸的碎片化给开发者带来了更高的适配性要求。响应式布局是一种用户界面设计方法,使一个网站能够在不同的设备(如台式机、平板电脑、手机等)和不同的屏幕尺寸上提供良好的用户体验。它通过动态调整页面布局和元素大小,以及使用媒体查询来改变样式和布局,以适应不同的屏幕尺寸和设备类型。

(3) 应用场景:移动设备具有更加丰富的应用场景,可以在任何时间、任何地点进行操

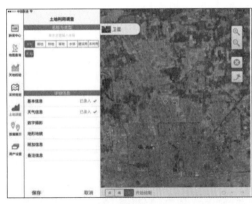 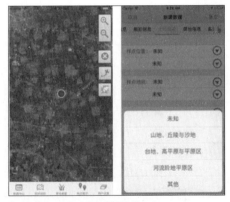

(a) 平板设备　　　　　　　　　(b) 手机设备

图 1-4　根据设备特点进行 UI 适配

作，因此需要考虑场景特性对应用界面进行适配。例如，移动设备或应用可以根据环境光调整界面色彩，在户外采集数据时要适当提高 UI 的对比度，而且夜间时可将界面的背景设置为黑色。

相对于桌面应用，移动开发中的人因研究更加重要，字体大小、排版和震动强度等各种交互都需要细心设计。

1.1.2　Android 操作系统

安卓（Android）是一种基于 Linux 内核的自由及开放源代码的操作系统。是由谷歌主导研发，由谷歌公司和开放手机联盟共同管理的操作系统，其中，由开放手机联盟负责的部分称为 AOSP（Android Open Source Project），为全开源代码，任何组织和个人都可以学习、封装并再分发。例如，国内手机厂商的 MIUI、Flyme、EmotionUI 等都是基于 AOSP 的发行版。谷歌公司内部还有一套 Android 系统，是在 AOSP 的基础上融合谷歌服务套件而形成的真正的 Android 系统，这一部分属于谷歌商业化项目，需要授权才能安装及使用。

1. 基本框架

Android 操作系统自下而上分为 Linux 内核、硬件抽象层、Android 运行时、原生 C/C++ 库、JavaAPI 框架和系统应用层等多个层级，如图 1-5 所示。

- Linux 内核层（Linux Kernel）：Android 依赖于 Linux 内核。Android Runtime（ART）依赖于 Linux 内核实现线程和底层的内核管理。
- 硬件抽象层（HAL）：提供统一的硬件访问接口，避免不同厂商提供设备的 API 的不同而影响上层代码结构。重要的厂商都会提供相应的 HAL API 设计，并提交（Pull Request）到 AOSP 中。
- Android Runtime：ART 是针对移动设备优化后的 Java 虚拟机，具有更加强大的预先（AOT）和即时（JIT）编译能力，优化垃圾回收机制。在 Android 5.0 以前，使用 Dalvik 虚拟机。

注意 Java是半解释半编译型语言。虽然Java有所谓的编译过程,但并不是如同C等编译型语言一样编译为二进制文件,而是编译成class文件,供JVM进行解释。

- 原生的C/C++库:包含了基础API和性能依赖性API,如视频编解码、三维引擎等。
- Java API框架:提供整个Android操作系统的完整控制能力。
- 系统Apps:包括电话、Email、日历、相机、设置等系统必备的Apps。用户下载并安装的应用程序也属于这一层级。

图1-5 Android操作系统架构

Android应用程序包括Activity、Service、Broadcast Receiver和Content Provider四大组件,如图1-6所示,其中,最为重要的就是Activity,用于控制和显示各种布局和视图。

2. 发展演进

2003年,由Andy Rubin等4个人创立了Android公司,当时的Android操作系统(图1-7)还是一个校园研究项目,主要意在连接PC端智能相机的先进操作系统。随着移动手机的发展,Android操作系统开始转型为移动操作系统,对标Symbian及微软Windows Mobile。

2005年,Android操作系统被谷歌以5000万美元收购。

2008年9月,谷歌发布了专为移动设备设计的Android 1.0系统,并首发在HTC G1手

图 1-6 Android 应用程序的四大组件　　　　图 1-7 初代 Android 系统

机上。在随后发布的 Android 2.x 版本迅速崛起,占据了相当一部分移动设备操作系统的市场。

2011 年 2 月,Android 3.0 发布。相比于上代,这次的改变较小,主要更新了针对平板大屏幕而进行优化、全新设计的 UI 增强网页浏览功能、应用内支付等功能。

2011 年 10 月,Android 4.0 系统发布。Android 4.0 带来了全新的 UI 设计,并加强了许多应用程序的功能,如更强大的图片编辑功能;自带照片应用堪比 Instagram,可以加滤镜、加相框,进行 360°全景拍摄,照片还能根据地点来排序;有望支持用户自定义添加第三方服务;新增流量管理工具,可具体查看每个应用产生的流量,限制使用流量,到达设置标准后自动断开网络。

2013 年 9 月,Android 4.4 发布,并且于 2013 年 11 月 01 日正式发布从 Android 4.0 到 Android 4.4,安卓系统采用了很多简洁、锋利的白条设计,图标更加倾向扁平化设计了。更加整合了自家服务,力求防止安卓系统继续碎片化、分散化。

2014 年 6 月,Android 5.0 发布。Android 5.0 采用了 Material Design 设计风格,图标变得更加倾向于"立体扁平化"。这次,Android L 终于能够支持 64 位计算,运算速度更快,也可以轻松管理大内存。

早期 Android 操作系统以甜点的名称命名,如图 1-8 所示。

随后,Android 几乎每年会推出一个新版本。2023 年,Android 14 Upside Down Cake 发布,这是目前最新的 Android 版本。

3. 编程语言

Android 应用程序原本只能通过 Java 编写逻辑代码。Java 语言起源于 1995 年,由 Sun 公司研发并推出,其前身是 Oak 语言。Java 最重要的特性就是跨平台性,即"一次编译,处处运行",这主要得益于 Java 是通过 JVM(Java 虚拟机)实现的。正因为这一特性,Java 语言伴随着互联网的兴起而广泛被人熟知。目前,Java 语言主要应用在 Web 服务器、移动终端和大数据技术。2009 年,随着 Sun 公司被 Oracle 公司收购,Java 这一语言也带上了 Oracle 的标志。

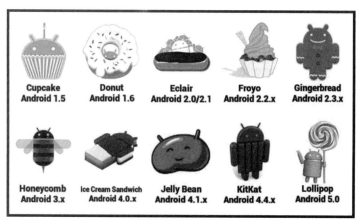

图 1-8　早期 Android 操作系统以甜点的名称命名

由于 Java 语言编写的应用程序需要通过虚拟机才能运行，所以其效率远低于 C、C++ 等语言。为了提高 Android 系统的性能，Android 底层针对有限内存，降低处理器速度对虚拟机进行了优化，并使用了 Dalvik 虚拟机，即使如此，在 Android 发展的初期，其性能及效率常常被用户诟病。自 Android 4.4 以来，谷歌又进一步推出了 ART 虚拟机，避免了 Dalvik 在每次运行应用时都通过即时编译器转换为机器码的过程，使其运行效率大大提高，可获得更好的用户体验，并提高了 Android 系统的性能和续航。

随后，Android 的开发语言又加入了 Kotlin 新成员。Kotlin 语言是由 JetBrains 推出的，参照并兼容 Java 语言，提高了语言的安全性、简洁性，是一种静态编程语言。目前，Kotlin 已经成为 Android 开发的官方首推的编程语言，并在国际上广为流行。Kotlin 不仅可以被编译成 Java 字节码，也可以被编译成 JavaScript，以便在没有 JVM 的设备上运行。

4. Android 集成开发环境

从开发环境角度来讲，Android 的开发环境经历了从 Eclipse 到 Android Studio 的转变。Android Studio 基于 IntelliJ IDEA，相比 Eclipse 拥有更好的性能与用户体验，成为当今主流的 Android IDE。

在后文中，所有的 Android 应用程序样例均采用 Android Studio 开发环境，并使用 Kotlin 作为逻辑代码的编程语言介绍移动 GIS 开发的基本方法。

1.1.3　iOS 操作系统

iOS 系统应用在苹果公司的 iPhone、iPod 等移动设备中，于 2007 年首次提出（当时称为 iPhoneOS），在 2010 年的 WWDC 大会上将其名称更改为 iOS。原本 iPad 移动设备也运行 iOS 系统，但为了能够适配 iPad 大屏及提供更多的独立功能，2019 年 iPadOS 从 iOS 独立出来，运行在 iPad 移动设备中。目前，苹果设备的操作系统包括 iOS、iPadOS、macOS、tvOS、visionOS 和 watchOS。实际上，为了保证体验的一致性，iOS、iPadOS、visionOS 等移动操作系统具有相似的系统框架，下面将着重介绍 iOS 系统框架。

相对于 Android 操作系统，iOS 的系统框架要简单许多，包括 Cocoa Touch、Media Layer、Core Services、Core OS 四部分，如图 1-9 所示。

其中，Foundation 框架和 UIKit 框架最为重要。Foundation 框架来源于 NEXTSTEP 操作系统，因此该框架内部的类都以 NS 开头。常见的类包括字符串类（NSString）、数组类（NSArray）、字典类（NSDictionary）等，其基类都是 NSObject 类。UIKit 框架包含了 iOS 系统中多种视图和控件，包括文本标签（UILabel）、文本框（UITextField）、按钮（UIButton）等，其类名都以 UI 开头。

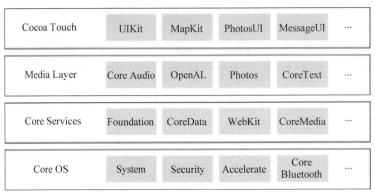

图 1-9　iOS 操作系统架构

1. 编程语言和 SwiftUI

Objective-C 语言（简称 OC 语言）诞生于 1986 年，是一个古老的面向对象编程语言，源于 SmallTalk，一度是 iOS 开发的首选语言。由于 Objective-C 是 C 语言的扩充（C 语言的严格超集），因此几乎可以与 C 语言无缝融合。在 iOS 设备流行之时，Objective-C 的占有率一度攀升。

Swift 语言于 WWDC 2014 发布，是可用于 iOS 应用开发的全新编程语言。为了和 Objective-C 语言进行有效融合，Swift 语言建立在 Objective-C 的基础之上，但是 Swift 更加简练、易学、高效，并且 Swift 的执行速度比 Objective-C 更快。有了 Swift 语言，声明式 UI 框架 SwiftUI 也应运而生。

SwiftUI 是苹果公司开发的一个新的用户界面框架，旨在为开发人员提供更高效的方式来创建应用程序的界面。SwiftUI 提供了一套简单易用的 API，可以帮助开发者快速搭建复杂的 UI 界面，达到"所见即所得"的效果。

SwiftUI 的主要特点是其本身属于声明式编程模型，这意味着开发人员只需描述他们想要创建的界面，而不需要编写大量的代码来处理界面布局和交互。这使 SwiftUI 非常适合快速原型设计和开发，并且可以轻松地创建出美观、易于使用的界面。

此外，SwiftUI 还支持与 UIKit 和 AppKit 框架进行集成，开发者可以使用他们已经熟悉的 API 来创建界面，同时也可以利用 SwiftUI 提供的强大功能来提高应用程序的性能和可维护性。

2. iOS 集成开发环境

虽然在 GNU/Linux 操作系统中 gcc 包含了 Objective-C 的编译器，而且也能够部署 Swift 语言编译器，但是由于苹果公司的移动设备都处在闭源的生态系统中，完整的 iOS 应用开发几乎只能在 macOS 系统下的 Xcode 开发环境中进行。

Xcode 是苹果公司开发的集成开发环境(IDE)，用于开发 macOS、iOS、watchOS、tvOS 及 visionOS 等应用程序，支持 Objective-C、C、C++、Swift 等编程语言，深度集成了代码编辑、调试、测试、构建和发布等功能，拥有很强的开发者体验。

需要注意的是，开发者需要加入 Apple 开发者项目(Apple Developer Program)中才可以运行并调试应用程序。由于加入 Apple 开发者项目是收费的，因此相对于 Android 开发 iOS 应用开发具有一定的门槛。

1.2 移动 GIS 应用开发

对于移动 GIS 应用开发来讲，首选被广泛使用的 Android 和 iOS 平台。根据开发框架、开发思路和应用场景的不同，移动 GIS 应用程序拥有许多不同的开发方案。本节介绍常见的移动 GIS 开发方案，以及广泛使用的 ArcGIS 开发平台。

1.2.1 移动 GIS 应用开发平台

针对不同应用场景，行业内大致存在于以下几种移动 GIS 应用开发方案：
- 基于商业 GIS 组件的二次开发
- 基于开源 GIS 组件的二次开发
- 基于平台自带的地图组件进行开发
- 基于地图服务商提供的地图组件进行开发
- Web 混合开发
- 全自主开发

以下分别介绍这几种开发模式，并分析其优缺点。

1) 基于商业 GIS 组件的二次开发

许多 GIS 企业提供了完整、高效的 GIS 组件，通常具有专业的地理空间数据管理和空间分析能力，开发较为便捷。常见的商业 GIS 组件开发包包括以下几种。

（1）ArcGIS Maps SDKs：ESRI 提供的针对各类终端而研发的 GIS 软件开发包，包括针对 Android 和 iOS 平台的 ArcGIS Maps SDK for Kotlin 和 ArcGIS Maps SDK for Swift 等。

（2）MapGIS Mobile SDK：中地数码提供的移动端（Android 和 iOS）全功能 GIS 开发平台。

（3）SuperMap iMobile：超图提供的基于 Android、iOS 等智能移动系统的组件式 GIS 开发平台。此外，超图还提供了针对鸿蒙版本的 SuperMap iMobile Lite 11i（2022）for

HarmonyOS。

（4）NextGIS：欧洲 NextGIS 公司提供的 WebGIS、移动 GIS 开发工具包。

商业 GIS 组件通常需要授权使用，但同时能够获得更加便捷的开发体验和更加完善的技术支持。

2）基于开源 GIS 组件的二次开发

能够在移动端使用的开源 GIS 组件很少，例如 OSMDroid、Mapsforge 等。通过这些开源 GIS 组件，可以构建起完整的移动 GIS 应用，但需要注意以下几个问题：

（1）开源 GIS 组件虽然是开源免费的，但是也需要遵循相应的许可。例如，使用 OSMDroid 需要遵循 Apache 2.0 许可，使用 Mapsforge 则需要遵循 L-GPL 3.0 许可。

（2）开源 GIS 组件通常是针对 Android 平台的，鲜有 iOS 等较为封闭操作系统上的开源组件。

（3）开源 GIS 组件的学习资料很少，学习成本相对较高。

另外，也可以对现有的移动 GIS 开源项目（如 QField 等）进行改造，增添需要实现的功能模块，但这种开发方式的难度更大。

3）基于平台自带的地图组件进行开发

Android 和 iOS 平台均提供了本地化的地图组件，如 Android 的 MapView、iOS 的 MapKit(MKMapView)等。对于应用内子应用生态来讲，通常也提供了类似的地图组件，如微信小程序的 qqmap 控件。这些地图组件实现了基本的地图浏览能力，可以满足基本的地图浏览需要，但是有以下几个问题：

（1）这些地图组件通常具有固定的底图，如 Google Map 和 Apple Maps，要么没有在国内开通服务，要么质量有待提高，因此国内开发者很少使用这些组件。

（2）地图组件过于简单，难以加载复杂的数据，也很难支持复杂的空间分析。

4）基于地图服务商提供的地图组件进行开发

地图服务商通常会提供相应的地图组件，例如百度地图、高德地图都对 Android 和 iOS 提供了相应的开发工具包。这些组件通常是免费的，但是仍然需要授权使用。

5）Web 混合开发

Web 混合（Hybrid）开发是指通过在应用中嵌入浏览器组件（WebView），并在其中直接运行 Web 应用，相当于 Web 应用的"套壳"，如图 1-10 所示。

由于 WebGIS 开发非常成熟，也有非常多成熟的开源 GIS 框架（如 OpenLayers、LeafLet 等），所以 Web 混合开发也能够获得很好的开发效果。当应用需要更新时，只需更新 Web 代码，无须对本地应用进行更新（也称为热更新）。通过 Cordova 等框架可以很方便地使用 JavaScript 调用设备组件，如摄像头、GPS 等。

但是，Web 混合开发存在两个无法避免的问题：

（1）Web 混合开发需要 Web 组件的支持，Web 组件成为应用和系统的调度中心，因此对于设备硬件和系统组件的调用也相对麻烦，其性能可能不如原生应用。不过，目前市面上也有一些经过优化的高性能 Web 组件，例如腾讯 X5 和阿里巴巴 UC 等，可以在一定程度上

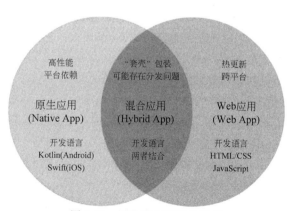

图 1-10 原生应用和混合应用

提高混合应用的用户体验,但仍很难和原生开发应用的性能比拟。

(2)对于许多应用分发平台(如 HUAWEI AppGallery Connect、iTunes Connect 等)来讲,热更新应用通常是无法接受的。例如,在 iOS 平台上使用 Web 混合开发方案,很可能无法上架苹果官方的 AppStore。

6) 全自主开发

通过 Canvas 手工实现地图组件,避免对现有的组件产生依赖。全自主的开发难度最大,但开发者可以对应用具有完整的掌控能力。上述几种移动 GIS 开发模式的比较如表 1-1 所示。

表 1-1 移动 GIS 开发模式的比较

开发方式	开发难度	功能	性能	是否需要授权 (自主研发能力)
基于商业 GIS 组件的二次开发	较易	较强	强	需要
基于开源 GIS 组件的二次开发	较难	较强	较强	遵循开源协议
基于平台自带的地图组件进行开发	容易 (不适于大陆地区)	很弱	较弱	不需要
基于地图服务商提供的地图组件进行开发	较易	较弱	强	需要
Web 混合开发	较易	较强	弱	—
全自主开发	很难	较强	强	不需要

1.2.2 ArcGIS 开发平台

ESRI 的 ArcGIS 产品是一个可伸缩的、全面的 GIS 平台,从 1981 年诞生以来不断更迭,一直处于 GIS 行业龙头的位置。如今,ArcGIS 并不是单一的软件产品,而是包括了桌面、服务区、数据库、软件开发工具等成套的产品体系。在 ArcGIS 不断发展的过程中，ArcGIS 产品体系也在不断地发生变化，ArcInfo、ArcGIS Desktop、ArcGIS Engine、ArcSDE 等旧产品不断退出历史舞台，久经沙场的 ArcGIS for Server 老当益壮，而新生的 Portal for ArcGIS、ArcGIS Pro 逐渐开始占据 ArcGIS 产品的重要地位。

ArcGIS 家族已经非常庞大，简短的篇幅内已经很难涵盖所有的 ArcGIS 产品。本节简单介绍当前 ArcGIS 的主要产品线，以及 ArcGIS Maps SDKs 的基本概念和组成。

1. ArcGIS 主要产品线

目前，ArcGIS 主要包括 ArcGIS Pro、ArcGIS Online、ArcGIS Enterprise 和 ArcGIS Platform 这 4 个产品线，并且相辅相成，可以互相访问和调用，如图 1-11 所示。

图 1-11　ArcGIS 主要产品线

下面分别进行介绍这几个产品线的主要功能。

1）ArcGIS Pro

ArcGIS Pro 是新一代的 ArcGIS 桌面产品，主要用于替代陈旧的 ArcGIS Desktop 产品，更加美观、易用和高效，如图 1-12 所示。

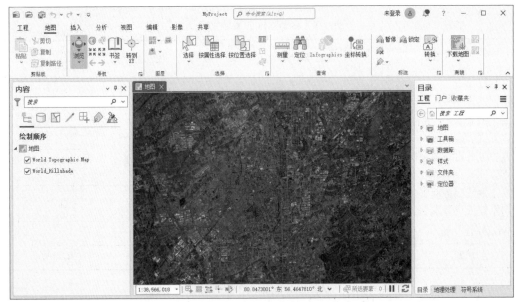

图 1-12　ArcGIS Pro

由于 ArcGIS Pro 基于微软 .NET 框架研发，在一定程度上抛弃了 ArcGIS Desktop 的

历史包袱,主要提升如下:

(1) ArcGIS Pro 实现了从 32 位软件到 64 位软件的跨越,并且增加了多线程处理能力,使软件性能得到了显著的提高。

(2) ArcGIS Pro 将二三维地图结合于一身。原先的 ArcGIS Desktop 中,分为 ArcMap(二维)、ArcScene(局部三维)和 ArcGlobe(全球三维)3 个软件,用于展现不同层次的二三维数据,而 ArcGIS Pro 的整体性更强,同样的地图能在二三维之间无缝切换和渲染。

ArcGIS Pro 提供了两种基本的二次开发模式:

(1) ArcGIS Pro SDK for .NET 提供了 ArcGIS Pro 的软件开发工具包(Software Development Kit,SDK),方便开发者定制桌面 GIS 软件,也可以为 ArcGIS Pro 开发插件。

(2) ArcPy 提供了 Python 处理工具,其开发的应用程序可以在 ArcGIS Pro 中运行,也可以独立运行。

2) ArcGIS Online

ArcGIS Online 是一个 SaaS(软件即服务)产品,相当于在线版本的地理信息软件,可以用于存储、处理、分析和共享地理空间数据,能够通过无代码或低代码的方式创建简单的行业应用。ArcGIS Online 无须安装和配置,只需浏览器便可以使用,是学习 GIS 的好帮手。通过 https://www.arcgis.com/即可使用 ArcGIS Online,如图 1-13 所示。

图 1-13　ArcGIS Online

由于 ArcGIS Online 依赖于互联网,并且所有的数据都会被该网站托管,所以 ArcGIS Online 的行业适用性较弱。敏感行业和涉密应用会极度排斥 ArcGIS Online。

3) ArcGIS Enterprise

ArcGIS Enterprise 提供了一系列基础 GIS 服务器软件,其基础组件包括:

(1) ArcGIS for Server:GIS 服务器,用于提供基础 GIS 服务,提供地图服务、影像服务、三维服务、空间分析等服务能力。

（2）ArcGIS Data Store：GIS 数据存储，用于托管数据存储，包括关系型数据存储（依赖 PostgreSQL）、切片缓存（依赖 CouchDB）、时空数据存储（依赖 Elasticsearch）等。

（3）Portal for ArcGIS：GIS 门户，是创建、共享和管理地图、应用程序和空间数据并将其与协作者共享的中心枢纽。GIS 门户可以联合托管多个 ArcGIS for Server，其功能包括用户和权限管理、地图服务管理、在线制图等。

（4）ArcGIS Web Adaptor：平台转发组件，可以将 ArcGIS Server 和 Portal for ArcGIS 与现有 Web 服务器进行集成。

根据应用场景，存在多种组件组合方式。例如，可以通过设备冗余的方式加强服务的可用性，如图 1-14 所示。

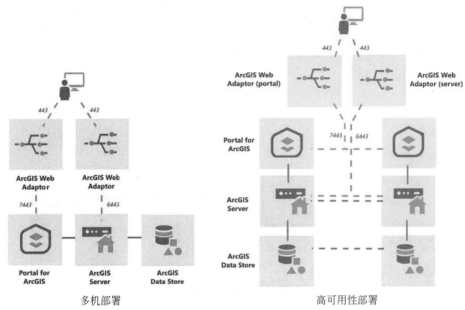

图 1-14　ArcGIS Enterprise

除了上述基础组件以外，还包括 GeoAnalytics Server、GeoEvent Server、Image Server 和 Notebook Server 等可选组件。由于开发者对 ArcGIS Enterprise 具有较为完整的控制权，可对所托管的数据全权负责，所以 ArcGIS Enterprise 常用于私域应用，对于敏感和涉密行业也比较友好，可以部署在局域网内。

4）ArcGIS Platform

平台即服务（PaaS）产品，面向开发人员，提供制图和分析服务。通过开发工具包（或 ArcGIS Pro 等）即可使用 ArcGIS 位置服务（Location Services），包括底图图层、地理编码、路径、GeoEnrichment、空间分析等。

2. ArcGIS Maps SDKs

ArcGIS 针对各类主流平台提供了 SDK，但是其名称和体系经历了数次变更。例如，Android 开发包的名称变迁如表 1-2 所示。

（1）2011年2月，ArcGIS API for Android beta 诞生，并在同年12月发布了1.0.1版本，如图1-15所示。

（2）2012年6月，ESRI发布了 ArcGIS Runtime SDK for Android 2.0 版本。

（3）2013年8月，ESRI发布了 ArcGIS Runtime SDK for Android 10.2 版本，随后版本号与ArcGIS体系的版本号同步，直至2017年更新至10.2.9版本。

（4）2016年11月，ESRI发布了 ArcGIS Runtime API for Android 100.0，随后均以100.x版本命名，直到2022年更新至100.15版本。

（5）2022年12月，ESRI发布了 ArcGIS Maps SDK for Kotlin 200.0。

表1-2 Android开发包的名称变迁

名　称	首发时间	版　本　号
ArcGIS API for Android	2011年2月	Beta|1.0.1|1.1|1.1.1
ArcGIS Runtime SDK for Android	2012年7月	2.0|10.2～10.2.9
ArcGIS Runtime API for Android	2016年11月	100.0～100.15
ArcGIS Maps SDK for Kotlin	2022年12月	200.0～200.3

图1-15 ArcGIS API for Android 1.X

笔者认为，ArcGIS Maps SDK 能够更好地反映开发包的功能：多数功能都是围绕着可视化的地图控件设计或延伸而来，简化了较为复杂的空间分析功能。从名称上看，ArcGIS Runtime 的表述则更加倾向于全能型的开发工具，但随着互联网和云计算技术的影响，地理空间数据和许多高级空间分析功能更加推荐在服务器端实现，而非客户端。鉴于 ArcGIS 具有完整的产品体系，因此并不推荐在类似 Android 设备上实现复杂的空间分析功能，而是借助 ArcGIS for Server 实现。

> **注意** SDK 表示软件开发工具（Software Development Kit）是针对某一平台某个具体环境下的一系列软件开发工具，可以包括开发接口、文档、构建脚本等各类工具。API 表示应用程序接口（Application Programming Interface），通常表现为预先定义的类、结构体、函数等。从概念上看，SDK 范畴要大于 API，但是笔者认为这两者的概念是高度关联的，没有详细分析和比较的必要。

ArcGIS Maps SDKs 的前身是 ArcGIS API for JavaScript 及各类 ArcGIS Runtime SDK。ArcGIS Maps SDKs 提供了针对各类平台的软件开发工具，可以分为 3 个主要部分。

1）Web SDKs

用于设计并开发 Web 应用，目前仅有 ArcGIS Maps SDK for JavaScript 4.25。ArcGIS Maps SDK for JavaScript 的前身是 ArcGIS API for JavaScript。

2）Native SDKs

用于设计并开发移动、桌面和嵌入式设备应用程序，主要包括以下几个 SDK。

（1）ArcGIS Maps SDK for .NET：建立在 .NET MAUI（Multi-platform App UI）框架上的 SDK。

（2）ArcGIS Maps SDK for Java：建立在 JavaFX 框架上的 SDK。

（3）ArcGIS Maps SDK for Qt：建立在 Qt 框架上的 SDK。

（4）ArcGIS Maps SDK for Swift：建立在 SwiftUI 框架上的 SDK，可用于 iOS 移动开发。

（5）ArcGIS Maps SDK for Kotlin：建立在 Kotlin 框架上的 SDK，可用于 Android 移动开发。

由于 .NET MAUI、JavaFX 和 Qt 都具有跨平台性能，因此这些 SDK 理论上都具有移动开发能力，可以用于开发跨平台应用程序。使用 ArcGIS Maps SDK for Swift 和 ArcGIS Maps SDK for Kotlin 可以很轻松地创建本地应用程序（Native Applications），理论上具有更好的性能和支持能力。

3）Game Engine SDKs

针对 AR、VR 等应用场景，ArcGIS 为 Unity 和 UnrealEngine 平台提供了开发包，主要包括以下两种。

（1）ArcGIS Maps SDK for Unity 1.1：Unity 插件，可以通过 Unity 引擎提高地图渲染能力。

（2）ArcGIS Maps SDK for Unreal Engine 1.1：Unreal Engine 插件，为 Unreal Engine 引擎提供地图数据调用能力。

通过游戏引擎开发地图应用可以使地图更加具有表现力，如图 1-16 所示。

图 1-16　更具有表现力的 Game Engine SDKs

1.3　移动 GIS 发展趋势

移动 GIS 主要有以下几个发展趋势。

1. 大数据

随着遥感技术和移动互联网技术的发展，地理空间数据的获取也越来越简单，数据的量级也从 TB 级向 PB 级迈进，对于许多高分辨率遥感卫星数据来讲，每日数据的增量就可以达到 TB 级。据报道，中国资源卫星应用中心每天都会接收到超过 40TB 的遥感数据。城市三维数据也越来越精细，在实景三维中国建设任务中，从地形级三维逐步迈向城市级三维和部件级三维体系构建，需要点云、建筑信息模型（BIM）等技术的支撑。

为了解决大数据量处理问题和满足分析需求，云 GIS 应运而生。通过云 GIS 技术，可以实现地理空间数据或算法的云端集成，提供更加高效的计算能力和数据处理能力，解决地理信息科学领域中计算密集型和数据密集型的各种问题。

云 GIS 能够将大规模的向量数据和栅格数据处理的时间从几天压缩到小时甚至分钟级别，如美国的 ArcGIS Online、日本的 Tellus 平台、中国的 Supermap Online 等。分布式处理方式可以充分调动服务器资源，降低 GIS 数据的存储成本和运算成本。云 GIS 平台通常也会融合 AI 能力，以便更加高效地对数据进行处理。例如，Google Earth Engine 平台整合 AI 技术推出了 Dynamic World 数据库，能提供接近实时的全球土地环境数据，如图 1-17 所示。

地理空间数据的数据源和数据形式也呈现多样化，从而为混合（Hybrid）制图提供了可能。越来越多地学研究和 GIS 应用将多种不同的数据源进行整合、分析和展现。由于不同来源的数据在尺度上、表现角度上存在差异，因此采用多源数据有利于在不同尺度和维度上对所要表达的信息进行展示和分析。为了对多源数据有效地进行整合，地理空间数据标准化组织 OGC 提供了一系列标准（统称为 OGC 标准）对数据发布的形式进行了规定。例如

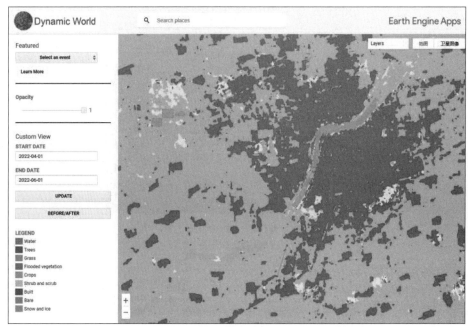

图 1-17　近实时全球土地环境数据 Dynamic World

OGC API Features、OGC API Tiles 等规范规定了发布的地理空间数据的组织方法和访问方式，开发者可以采用成熟的地图组件对这些来源的数据有效快速地进行集成。

2. 大前端

在万物互联时代，各类设备的前端开发越来越倾向于轻量化和统一化，开始出现大前端（Big Front End）的理念，即通过统一的框架对多个前端进行开发和部署。如此一来可以大大地降低开发成本，抹平平台的差异性。

大前端的基础就是跨平台技术。传统的跨平台技术（如.NET MAUI、JavaFX 和 Qt 等）虽然可以实现多端部署，但是需要根据不同的硬件平台分别进行编译构建，也需要针对这些平台进行针对性优化，这会潜在地提高开发成本，然而，通常意义的大前端技术都是建立在 Web 技术基础之上的，这主要有以下几个原因：

（1）Web 开发技术本身就具有跨平台特性，并且对于前端开发者来讲，Web 开发技术也是最容易接受的。

（2）HTML5、CSS3 和新一代的 JavaScript 的性能和便捷性都有很大提高。

（3）Node.js 技术使前端语言 JavaScript 全栈化，大大提高了 JavaScript 的能力。

前文中介绍的 Web 混合开发模式本身就是一种重要的大前端开发方案。许多新兴的 Web 框架，如 JavaScript MVC 框架 React 和渐进式 JavaScript 框架 Vue 等都会对各类设备的展现效果进行优化。这也同时解释了为什么在开源 GIS 领域，WebGIS 的组件数量和能力要远大于移动 GIS。

近年来，渐进式 Web 应用技术（Progressive Web Application，PWA）能够将 Web 应用

拥有本地应用的特点，如离线访问、系统通知、Web 存储、设计启动画面等。PWA 实际上是通过渐进式增强策略对 WebAPI 进行改进的一系列技术。PWA 运行在浏览器或浏览器插件中，因此开发更加简单，方便更新和维护。

> **注意** 渐进式增强（Progressive Enhancement）和优雅降级（Graceful Degradation）是两种用于处理不同浏览器或设备的兼容性问题的策略，其中渐进式增强的核心是"做加法"，能够适配低版本浏览器，并在现代浏览器中逐渐使用新技术以提高应用效能。优雅降级的核心则是"做减法"，以现代浏览器为载体开发应用，并通过兼容的方式适配低版本浏览器。

新兴的前端框架大多会参考 Web 开发模式，并直接或者间接地运用 PWA 技术，这不仅能降低开发成本，而且便于适配。例如，微信小程序 WXML 的开发方案和传统的 HTML 具有很大相似程度，并且许多跨端技术框架 Flutter、ArkUI-X、React Native、UniApp、Taro、Hippy、Kraken、Hummer、Electron 等也都属于大前端环境下的前沿作品，常见的跨端技术对比如表 1-3 所示。相信在不久的将来就会诞生许多针对这些大前端框架的 GIS SDK。

表 1-3 常见的跨端技术对比

跨端技术	跨平台支持	编程语言	UI 框架
Flutter	Android、iOS、HarmonyOS、Web、桌面端、微信小程序等	Dart	FlutterSDK
ArkUI-X	Android、iOS、HarmonyOS	ArkTS	ArkUI
UniApp	Android、iOS、Web、微信小程序等	JavaScript/Vue.js	Uni UI
Taro	Android、iOS、HarmonyOS、微信小程序等	JavaScript/TypeScript	Taro UI
React Native	iOS、Android、Web	JavaScript/TypeScript	React Native

3. 多维度

地理空间数据的维度不断延展，终端 GIS 组件不断向二三维一体化，甚至朝向 VR-GIS 的方向靠拢。3D-GIS 采用虚拟的三维空间渲染地理空间数据，VR-GIS 则是指虚拟现实技术与地理信息系统技术相结合的技术，两者都采用多维数据可视化方法表达数据。数据可视化一直以来是图形学、计算机技术乃至互联网技术的应用非常广泛的技术，并且经历了由二维到三维，由三维到 VR 的发展历程。VR 提供了一个虚拟的空间，可以容纳比三维地图更多一个层次的维度。事实上，许多地物和现象都是三维甚至更高维度的，例如立体交通、埋在地下且相互交错的管网、大气运动等，很难在二维的角度充分直观地描述其位置关系。通过 3D-GIS 和 VR-GIS 可以"亲身"感受和经历空间数据所需要传达的信息，在城市规划、电网管理、环境监测等领域具有较好的应用前景。在 ArcGIS Maps SDKs 中已经针对 Unity 和 Unreal Engine 游戏引擎做出了相应的插件和 SDK，能够更加真实地呈现地理信息数据，配合 VR 设备则能够身临其境地"体验"那些原本很难表达的空间数据。

1.4 本章小结

目前，主流的移动操作系统包括 Android 和 iOS 两类，其开发环境和编程语言具有很大差异（表 1-4），但是开发方法和开发模式的差异却逐渐缩小。

表 1-4 Android 和 iOS 应用开发之间的对比

对 比 项 目	Android	iOS
开发环境	Android Studio	XCode
开发语言	Kotlin、Java	Swift、Objective-C
开发系统平台	Windows、Linux、macOS	macOS
是否需要虚拟机支持	是	否
是否开源	是	否
设备的支持能力	开放	仅 iOS 设备
应用分发平台	开放	iTunes Connect

在大数据和大前端的发展引领下，未来的移动 GIS 应用很可能继续向"重后端，轻前端"的方向发展。例如，在开源 WebGIS 领域，越来越多的开发者从功能丰富的 OpenLayers 向轻量的 LeafLet 的方向发展。移动 GIS 应用也逐渐地轻量化，空间分析能力的背后需要一套完整、高效的 GIS 服务能力，共同组合成为一套完整的系统。

ArcGIS Maps SDK for Kotlin 是 ESRI 2022 年最新发布的移动地图 SDK。由于该 SDK 不再支持传统的 Java 语言，所以可以释放一些 Java 中的历史包袱，使用只有 Kotlin 中才能稳定应用的特性（如协程、Jetpack 架构等），从而简化代码，提高 SDK 的稳定性。

1.5 习题

（1）移动 GIS 应用程序具有哪些特征？应用设计和在开发过程中需要注意哪些方面的问题？

（2）简述 Android 和 iOS 之间的差异。

（3）移动 GIS 应用开发的主要方式有哪些？各自都有什么优势和缺点？

（4）简述 ArcGIS 主要产品线，ArcGIS Maps SDKs 支持哪些平台？

第 2 章 第 1 个地图应用

在应用开发领域,对于任何开发技术而言,创建一个 Hello World 应用程序是必不可少的。通过 HelloWorld 应用程序可以直观地体验开发过程,以便掌握这门技术的基本特性和操作方法。本章手把手介绍 Android 开发环境及 ArcGIS Maps SDK for Kotlin 的配置方法,并完成一个最简单的移动 GIS 地图应用,核心知识点如下:

- Android 开发环境搭建
- ArcGIS Maps SDK for Kotlin 配置方法
- MapView 和 SceneView

2.1 Android 开发环境搭建

本节介绍 Android 和开发环境搭建方法,创建并运行第 1 个 Android 应用程序,并简单介绍 Android Studio 的界面和应用工程体系。

2.1.1 安装和配置 Android Studio

Android Studio 集成开发环境(IDE)是以 IntelliJ IDEA Community 开源版本为基础,针对 Android 应用程序开发框架而设计的 IDE,是 Android 应用程序开发的主要工具。Android Studio 通过 Gradle 构建工具提供较短的编码和运行工作流周转时间。

注意 Gradle 是一种自动化构建工具,可在后台帮助开发者对应用程序工程进行依赖管理、应用程序编译、打包和部署。

近期 Android Studio 的版本和 Gradle 的版本对应关系如表 2-1 所示。

表 2-1 近期 Android Studio 的版本和 Gradle 的版本对应关系

Android Studio 版本	发 布 时 间	Gradle 版本
Arctic Fox	2020.3.1	3.1-7.0
Bumblebee	2021.1.1	3.2-7.1

续表

Android Studio 版本	发 布 时 间	Gradle 版本
Dolphin	2021.3.1	3.2-7.3
Chipmunk	2021.2.1	3.2-7.2
Electric Eel	2022.1.1	3.2-7.4
Flamingo	2022.2.1	3.2-8.0
Giraffe	2022.3.1	3.2-8.1
Hedgehog	2023.1.1	3.2-8.2
Iguana	2023.2.1	3.2-8.3

可以发现，Android Studio 版本的名称是按照字母顺序排列的。本节介绍 Android Studio 安装和配置的基本方法。

1. 下载并安装 Android Studio

Android Studio 是跨平台的 IDE，可以运行在 Windows、Linux 和 macOS 操作系统中，本节以 Windows 10 操作系统为例，介绍 Android Studio 的安装方法。对于 Linux 和 macOS 操作系统，其安装方法是类似的，下文也可以作为参考。

在 Android 官方网站（https://developer.android.google.cn/studio）下载最新版本的 Android Studio，如图 2-1 所示。

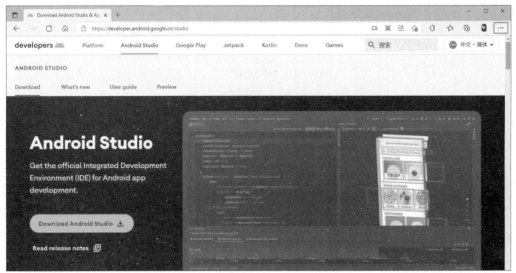

图 2-1　下载 Android Studio

单击 Download Android Studio ⬇ 后，同意相关条款即可下载最新版本的 Android Studio。本书截稿时，最新的稳定版本为 2022 年 3 月发布的 Android Studio Giraffe 版本。

下载并安装文件，其文件名为 android-studio-2022.3.1.21-windows.exe。运行该文件，开始安装 Android Studio，如图 2-2 所示。

图 2-2　开始安装 Android Studio

单击 Next 按钮，进入组件选择（Choose Components）界面，如图 2-3 所示。

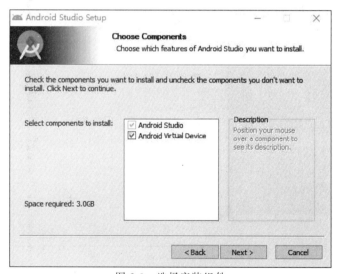

图 2-3　选择安装组件

单击 Next 按钮继续，在随后的配置设置（Configuration Settings）界面中选择安装位置，在选择开始菜单目录（Choose Start Menu Folder）中选择开始菜单名称。在计算机 C 盘存储空间充足的情况下各个选项保持默认即可。在选择开始菜单目录界面中，单击 Install 按钮开始安装，如图 2-4 所示。

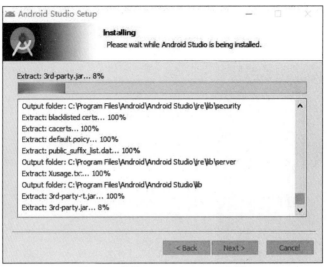

图 2-4　等待 Android Studio 安装

稍等片刻后,当安装进度文本显示 Completed 时,说明安装完成。此时,单击 Next 按钮即可完成安装,如图 2-5 所示。

图 2-5　Android Studio 安装完成

选中 Start Android Studio 选项后,单击 Finish 按钮即可启动 Android Studio。在随后的使用中,可通过 Windows 开始菜单启动 Android Studio。

2．配置 Android Studio

第 1 次启动 Android Studio 时会提示导入 Android Studio 设置对话框(Import Android Studio Settings),如图 2-6 所示。

如果读者无 Android Studio 开发经验,则可以保持默认选择 Do not import settings

图 2-6　导入 Android Studio 设置

后,单击 OK 按钮,随后进入是否帮助提高 Android Studio 对话框,如图 2-7 所示。

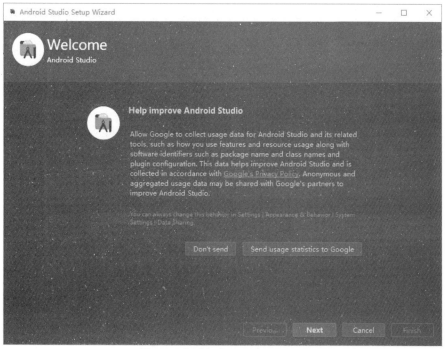

图 2-7　帮助提高 Android Studio

当该对话框弹出时,可能因网络方面的原因提示 Unable to access Android SDK add-on list,如图 2-8 所示,此时单击 Cancel 按钮即可。

图 2-8　提示 Unable to access Android SDK add-on list

当开发者选择 Send usage statistics to Google 时,用户的使用方式(使用习惯和特性)会由后台发送至谷歌官方,作为改进 Android Studio 的依据。当开发者选择 Don't seed

时,不会向谷歌官方发送相关数据。读者可以按需选择,并进入 Android Studio 的配置对话框,如图 2-9 所示。

图 2-9 Android Studio 的配置对话框

单击 Next 按钮继续,在随后的安装类型(Install Type)和选择 UI 主题(Select UI Theme)界面中,读者可以根据实际情况选择。如无特殊需求,保持默认选项即可。在随后弹出的核查配置(Verify Settings)界面中,总结了各项配置并列举了需要下载的各类工具(如 Android SDK、虚拟机等),如图 2-10 所示。

在保证网络畅通的情况下,单击 Next 按钮进入签订许可(License Agreement)界面,如图 2-11 所示。

同意 android-sdk-license、android-sdk-preview-license 和 intal-android-extra-license 等许可后(在左侧列表中单击相关许可,并在右侧部分中选中 Accept 选项),单击 Next 按钮开始下载并安装相关工具,如图 2-12 所示。

安装完成后,单击 Finish 按钮即可完成 Android Studio 的配置。随后,即可弹出 Android Studio 的主界面,如图 2-13 所示。

2.1.2　第 1 个 Android 应用程序

本节通过 Android Studio 创建、编译、构建和运行第 1 个 Android 应用程序。

1. 创建 Android 应用程序

单击 New Project 按钮,创建新的 Android 工程。在弹出的工程模板选择界面中,选择

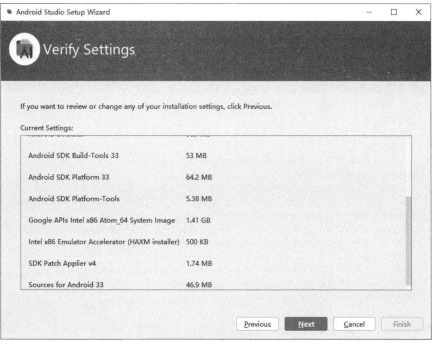

图 2-10　核查配置

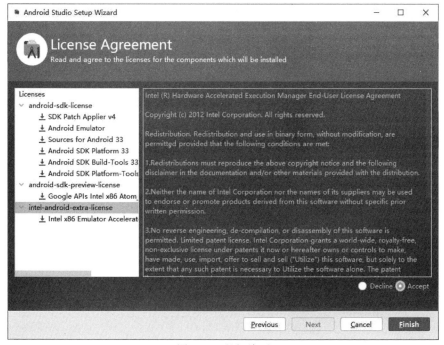

图 2-11　签订许可

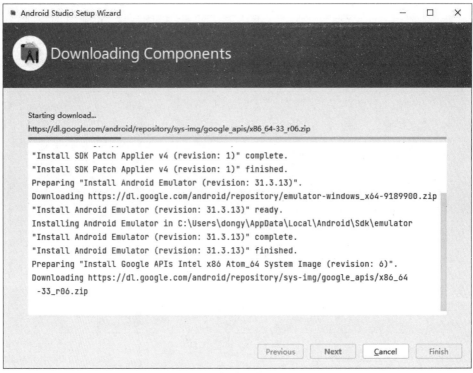

图 2-12 下载并安装相关工具

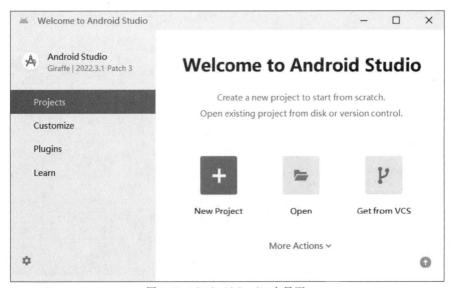

图 2-13 Android Studio 主界面

空的 Empty Views Activity 模板,如图 2-14 所示。

单击 Next 按钮,进入创建工程界面,如图 2-15 所示。

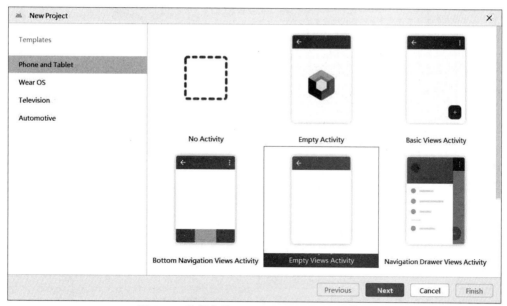

图 2-14　选择空的 Empty Views Activity 模板

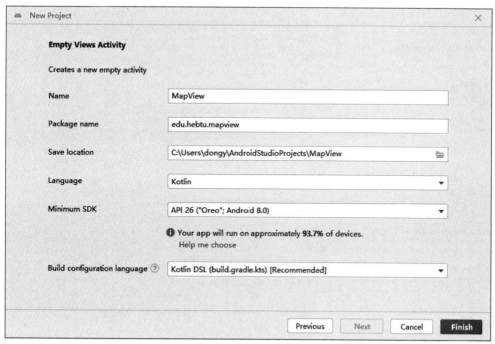

图 2-15　创建工程界面

在该界面中填写以下基本信息。
- 工程名称（Name）：MapView

- 包名(Package name)：edu.hebtu.mapview
- 工程保存位置(Save location)：保持默认
- 语言(Language)：Kotlin
- 最低支持的 SDK(Minimum SDK)：API 26；Android 8.0（Oreo）
- 构建配置语言：默认选择 Kotlin DSL（build.gradle.kts）[Recommended]

注意 Gradle 构建工具所支持的语言包括 Groovy 和 Kotlin，对应的领域特定语言(Domain Specific Language)分别是 GroovyDSL 和 KotlinDSL；前者的构建配置文件为 build.gradle，而后者的构建配置文件为 build.gradle.kts。KotlinDSL 具有静态类型检查、更好的 IDE 支持(与业务代码文件相统一)及安全性、简洁性的优点，因此更加推荐。

这些选项也可以根据读者的实际情况进行修改，但是由于 ArcGIS Maps SDK for Kotlin 最低支持 Android 8.0，因此不要降低支持的 SDK 版本。单击 Finish 按钮确认，即可创建 Android 工程。

注意 工程的保存位置不要使用中文目录，否则无法正常编译。

首次创建工程时，需要安装 Android SDK Platform(SDK 平台)，如图 2-16 所示。

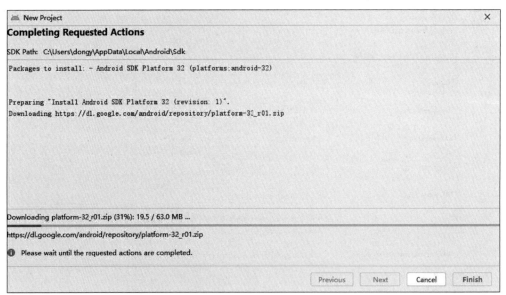

图 2-16 下载 SDK 平台

稍等片刻，下载并安装完成后，单击 Finish 按钮即可进入工程界面，如图 2-17 所示。

首次创建工程时，需要下载 Gradle 和相关依赖。这个过程根据网络状态的不同可能需要较长的时间，需要耐心等待。下载过程中会在 Android Studio 底部显示进度条。当全部下载完成后，进度条会消失，在左侧的工程面板中不再显示 loading…，并且展示当前工程的

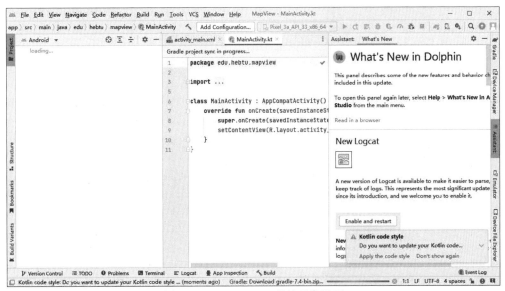

图 2-17　MapView 工程的开发界面

目录结构。

> **注意**　下载 Gradle 和相关依赖的过程中可能会比较慢,甚至出现下载错误提示(Gradle's dependency cache seems to be corrupt or out of sync.)。当中断取消或者出现错误后,可单击菜单栏中的 File→Sync Project with Gradle Files 继续(重新)下载相关依赖。

2. Android Studio 主界面

Android Studio 主界面由菜单栏(MenuBar)导航条(Navigation Bar)工具条(Toolbar)工具窗体栏(Tool WindowBar)、代码编辑窗体(Editor Window)、状态栏(Status Bar)及各类工具窗体(Tool Windows)组成,如图 2-18 所示。

(1) 菜单栏:包含 Android Studio 绝大多数功能入口,并分为文件(File)、编辑(Edit)、视图(View)等菜单。

(2) 导航条:用于显示和切换当前代码文件所处工程的位置。

(3) 工具条:包含运行、调试、工程结构、搜索等常用工具。

(4) 工具窗体条:用于开闭和调整各类工具窗体。

(5) 代码编辑窗体:用于查看和编辑代码文件。

(6) 状态栏:显示当前工程的基本状态,以及代码编辑器的常用设置选项。

(7) 各类工具窗体:围绕在整个界面的周围,其中每个工具窗体是一组功能相似的工具组合,用于完成特定的功能。常见的工具窗体包括 Project 工具窗体、Build 工具窗体、Logcat 工具窗体等。

3. 工程的基本目录结构

在 Android 工程窗体中,显示了 MapView 工程的结构,包含了众多目录和文件,如

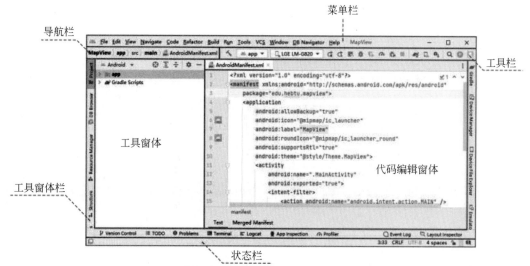

图 2-18 Android Studio 主界面

图 2-19 所示。值得注意的是，这些目录并不是存储在硬盘文件系统中的真实的目录结构。

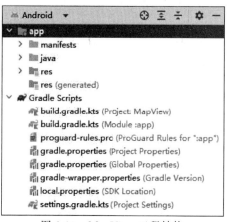

图 2-19 MapView 工程结构

注意 在 Project 工具窗体的上方，将 Android 下拉选框切换为 Project Files 即可显示工程真实的目录结构，但是，真实的目录结构较为复杂，层级较多，并不利于工程管理。

接下来，介绍这些目录和文件的基本功能。

- build.gradle.kts（Project：MapView）：工程级 Gradle 构建脚本。
- build.gradle.kts（Module：MapView.app）：模块级 Gradle 构建脚本。
- gradle-wrapper.properites：Gradle 打包配置选项。
- proguard-rules.pro：用于配置 ProGuard 规则。ProGuard 是 Java 代码混淆器，用于

防止应用程序的反编译。
- gradle.properties：Gradle 的全局配置文件。
- settings.gradle.kts：Gradle 配置文件，用于设置 Gradle 源，以及 Gradle 构建基本配置选项。
- local.properties：该文件用于指定 Android SDK 的目录位置。当更换开发环境时，该 SDK 目录位置也需要相应地改变。

在 app 目录中，还包含许多子目录和文件，这些文件是在开发中经常用的。
- manifests 目录：包含了工程配置文件 AndroidManifest.xml。
- java 目录：Java/Kotlin 代码目录。
- java (generated) 目录：自动生成的 Java/Kotlin 代码目录。
- res 目录：资源 (resource) 目录，用于存放各类资源，包括布局、字符串、图像、图标等资源文件。
- res (generated) 目录：自动生成的资源代码目录。

通常，自动生成的 java (generated) 和 res (generated) 目录是不需要开发者关注的。

2.1.3 运行和调试 Android 应用程序

本节介绍如何在真机和虚拟机中运行和调试 Android 应用程序。

1. 在真机中运行应用程序

将真机设备通过 USB 线缆连接到计算机，并打开 USB 调试功能：在手机设置中找到 Android 版本信息界面。对于原生 Android 系统，可以通过设置→系统→关于手机→软件信息进入该界面，如图 2-20 所示。

不断单击【内部版本号】列表项，即可打开开发者选项功能。

注意 对于不同的 Android 衍生系统来讲，需要单击的列表项也是不同的。

随后，进入设置→系统→开发人员选项菜单，找到并打开 USB 调试选项，此时会弹出如图 2-21 所示的确认提示。

单击【确定】按钮即可打开 USB 调试功能。在部分机型中，还需要找到并打开 USB 安装选项（如没有，则可以忽略）。通过 USB 连接计算机，在弹出的"将 USB 连接用于"对话框中，选择【文件传输】或【照片传输】选项，如图 2-22 所示。

注意 对于部分机型，【文件传输】选项可能无法进行 USB 调试。

打开 USB 调试后，首次连接计算机时还会出现"是否允许 USB 调试?"对话框，选中"始终允许在此计算机上进行操作"后，单击【允许】按钮，如图 2-23 所示。

图 2-20　Android 版本信息界面

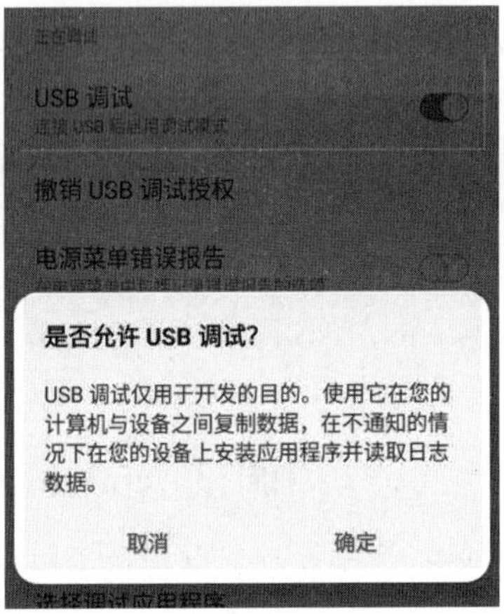

图 2-21　允许 USB 调试

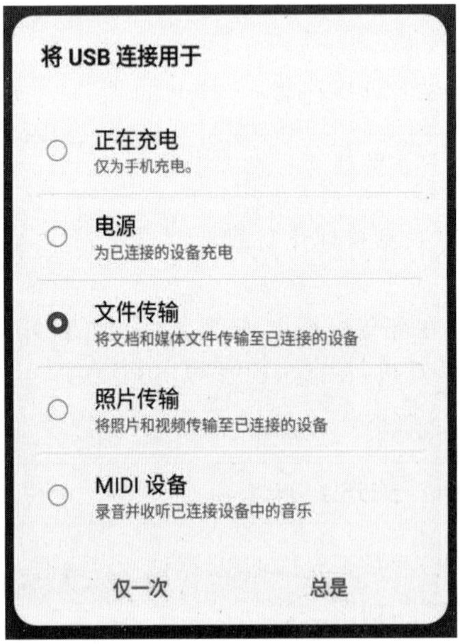

图 2-22　"将 USB 连接用于"对话框

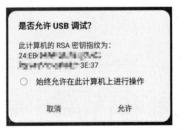

图 2-23　"是否允许 USB 调试?"对话框

如果一切顺利,则可以在 Android Studio 右上角的工具栏中显示当前设备的名称(如有多个真机或虚拟机设备,则可以在此指定设备),如图 2-24 所示。具体的设备名称根据设备的不同而不同。

图 2-24　显示当前设备

单击工具栏中的 ▶ 按钮(快捷键:Shift＋F10)即可依次编译、构建和运行程序。稍等片刻后,即可在移动设备上自动运行当前工程的应用程序,如图 2-25 所示。

2. 在虚拟机中运行应用程序

首先,创建一个本地虚拟机。在 Android Studio 的菜单栏中选择 Tools→Device Manager 菜单,此时会弹出 Device Manager 窗格,如图 2-26 所示。

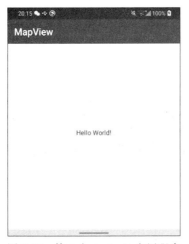

图 2-25　第 1 个 Android 应用程序　　　　图 2-26　Device Manager 窗格

在 Device Manager 窗格中,单击 Create device 按钮,此时会弹出 Virtual Device Configuration 窗口,如图 2-27 所示。

在该窗口中列举了常用设备型号(对应于真机的分辨率和屏幕大小),选择合适的虚拟机型号,单击 Next 按钮继续。此时会显示 System Image 窗口,如图 2-28 所示。

在 System Image 窗口(图 2-28)中,选择虚拟机所需要运行的 Android 版本(建议在 8.0 以上),单击 Next 按钮继续。此时会显示 Android Virtual Device 窗口,如图 2-29 所示。

在 Android Virtual Device(AVD)窗口(图 2-29)中,输入合适的虚拟机名称(AVD Name),并进行基本的配置。建议在 Graphics 选项中选择 Software 对图形显示进行软解,从而提高虚拟机的兼容性。最后,单击 Finish 按钮,即可完成创建虚拟机操作。此时,即可

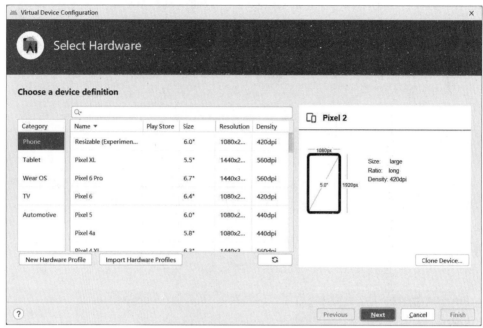

图 2-27　Virtual Device Configuration 窗口

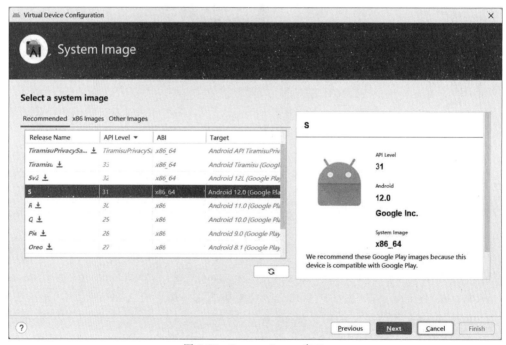

图 2-28　System Image 窗口

在 Device Manager 窗格中查看刚刚创建的虚拟机，如图 2-30 所示。

图 2-29　Android Virtual Device（AVD）窗口

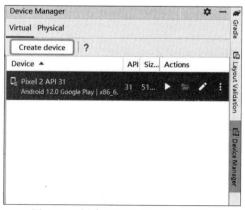

图 2-30　创建虚拟机 Pixel 2 API 31

单击虚拟机列表项右侧的▶按钮即可运行虚拟机,如图 2-31 所示。

在工具栏中,在设备选项上选择刚刚创建的虚拟机型号,如图 2-32 所示。

单击右侧运行按钮即可在虚拟机中运行刚刚创建的应用程序。

3. 应用程序的调试

在 Android Studio 的工具栏中包含了运行与调试工具,如图 2-33 所示。

通过最左侧的 app 下拉列表可以选择程序入口模块。在默认情况下,这个程序入口就是创建工程时默认生成的 app 模块,其右侧的按钮的功能如下。

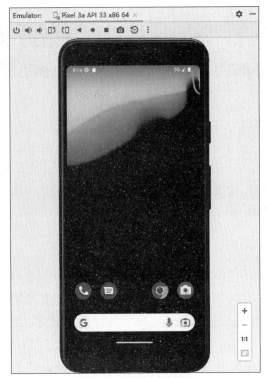

图 2-31 运行虚拟机

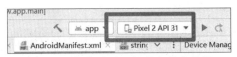

图 2-32 指定需要运行程序的虚拟机

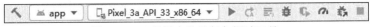

图 2-33 工具栏中的运行与调试工具

- ▶ Run 'app'（Shift+F10）：自动编译并运行当前应用程序。
- Debug 'app'（Shift+F9）：调试当前的应用程序。
- Apply Changes and Restart Activity（Ctrl+F10）：应用代码变更并重启 Activity。
- Apply Code Changes（Ctrl+Alt+F10）：应用代码变更。
- Run 'app' with Coverage：对当前应用程序进行覆盖率测试。
- Profile 'app'：对当前应用程序进行性能剖析。
- Attach Debugger to Android Process：对已经运行的应用程序进行调试。
- Stop 'app'（Ctrl+F2）：结束当前应用程序。

注意 当 Kotlin 代码发生变化时,可以通过 ![] 按钮重启 Activity,方便快速调试,但是如果布局文件发生了变化,则需要使用 ▶ 重新安装应用才可以正常运行。

通过断点调试工具可以分析程序在运行时的某个时刻内存和变量的状态。在 MainActivity.kt 代码中,在第 9 行代码左侧、行号右侧的灰色区域内单击,就会在该行代码上生成一个断点,即出现 ● 图标。

然后单击工具栏的 ![] 按钮运行并调试应用程序,或者单击 ![] 按钮链接调试正在运行的应用程序。当程序执行到上述断点时,断点图标会变为 ![],如图 2-34 所示。

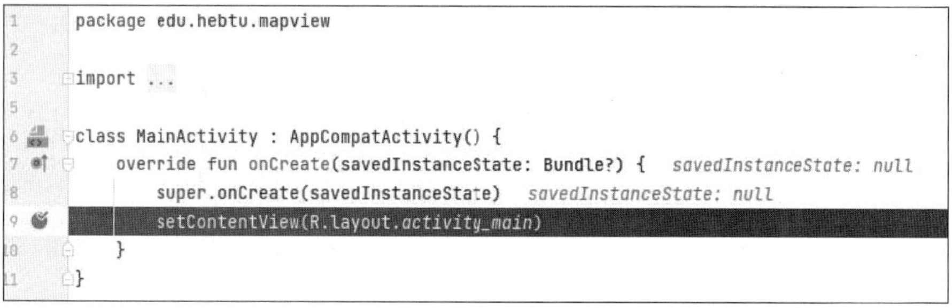

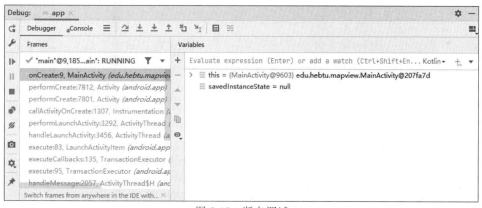

图 2-34　添加程序断点

此时,即可在 Debug 工具窗体中查看此时的变量状态等信息,如图 2-35 所示。

图 2-35　断点调试

在 Debug 工具窗体的左侧,包括用于控制应用程序执行状态和断点功能的按钮,其功能如下。

- ▶ Resume Program（F9）：继续运行程序。
- ‖ Pause Program：暂停程序。
- ■ Stop 'entry'（Ctrl＋F2）：结束当前程序。
- ● View Breakpoints（Ctrl＋Shift＋F8）：查看所有断点位置。

- ❏ Mute Breakpoints：点选后可以在运行时暂时性地跳过所有的断点。
- 📷 Get Thread Dump：抓取线程堆栈。
- ⚙ Settings：调试设置选项。
- 📌 Pin Tab：固定标签。

在 Debug 工具窗体的上方，通过 Debugger 标签和 ▶ Console 标签，可以切换调试工作台和终端界面，其余的按钮主要用于代码的单步或多步调试，各按钮的功能如下。

- ☰ Show Execution Point（Alt+F10）：显示当前的断点位置。
- ⤼ Step Over（F8）：跳过当前代码，进入下一行代码（逐过程执行）。
- ⬇ Step Into（F7）：进入当前方法内部进行调试（逐语句执行）。
- ⬇ Force Step Into（Alt+Shift+F7）：强制进入当前方法内部进行调试。
- ⬆ Step Out（Shift+F8）：跳出当前方法。
- ⤺ Drop Frame：回退到先前的堆栈帧。
- ⤼ Run to Cursor（Alt+F9）：执行到光标所在代码处。
- 🧮 Evaluate Expression（Alt+F8）：通过表达式计算当前状态下的变量。
- ☰ Trace Current Stream Chain：调试当前的 Stream。

4. 应用程序闪退怎么办

应用程序异常退出即通常我们口头上说的"闪退"，这是困扰开发者的重要问题。出现这种问题时通常没有任何提示说明，往往弄得开发者一头雾水，心惊胆战。

实际上，闪退情况的出现通常是由于 Kotlin（或 Java）代码出现了异常（Exception），但是没有通过 try-catch 语句进行捕获和处理，结果就是被运行时系统的默认异常处理程序捕获了这个异常。不过，这个异常处理程序非常"懒政"，所有异常到了它这里，处理办法就是打印异常发生处的堆栈轨迹并且终止程序，因此，可以通过查看被打印的堆栈轨迹来定位问题出现的位置。

注意 相对于 Java 语言来讲，Kotlin 推出了空安全特性，能够很大程度地避免空指针异常的出现，可以有效地减少应用闪退情况的出现。

这里构建一个简单的运行时异常（RuntimeException），在 MainActivity 中创建一个 value 变量，但不进行初始化，随后在 onCreate 函数中输出该变量，代码如下：

```
class MainActivity : AppCompatActivity() {
    lateinit var value : String
    override fun onCreate(savedInstanceState: Bundle?) {
        super.onCreate(savedInstanceState)
        setContentView(R.layout.activity_main)
        print(value)
    }
}
```

在这个代码中，value 变量虽然被声明了，但是没有被实例化，而在随后的代码中却通过 print 方法将其输出。程序运行到这个位置时会抛出 UninitializedPropertyAccessException 异常。程序会立马退出，出现"闪退"现象。

不过，这时不要慌张，可以打开 Android Studio 的 Run 工具窗体，在这个里面打印 UninitializedPropertyAccessException 出现时的堆栈轨迹，如图 2-36 所示。

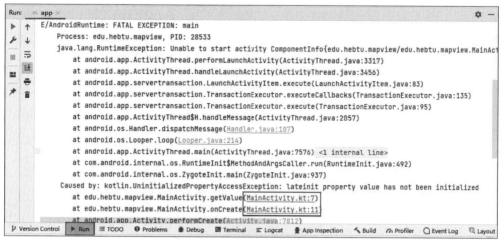

图 2-36　出现异常的堆栈记录

此时，通过单击堆栈记录中的 MainActivity.kt:11 超链接（根据出现位置的不同而不同）即可在代码编辑窗口中定位到异常出现的位置。开发者可以根据具体问题来排查和解决异常问题，因此，良好的编程习惯是非常重要的，在有可能出现异常的代码中加入 try-catch 语句，以防止在应用程序发布后出现严重 Bug 而给用户带来不良体验。

2.2　通过 ArcGIS Maps SDK 显示地图

本节介绍如何配置 ArcGIS Maps SDK for Kotlin 开发环境，并在 MapView 和 SceneView 应用程序中分别显示二维地图和三维场景地图。本节所有的代码均可在本书配套实例代码 code/chapter02 中找到，包括 MapView 和 SceneView 两个工程。

2.2.1　申请 API Key 和许可

ArcGIS Maps SDK 需要通过授权才可使用，因此需要对应用配置相应的 API Key 和许可，程序才能正常运行。

1. 申请 API Key

登录 ArcGIS 开发者网站 https://developers.arcgis.com/dashboard/。首次访问时，需要使用 ArcGIS Online 账号登录，如图 2-37 所示。当然，也可以通过 GitHub 等网站账号进行登录。

图 2-37　通过 ArcGIS Online 账号登录 ArcGIS 开发者网站

如果开发者没有相应的账号，则可以单击【创建 ArcGIS Developer 账户】进行注册，如图 2-38 所示。

图 2-38　注册 ArcGIS 开发者账户

表单中所需要输入的内容如下。
- First name：名字。
- Last name：姓氏。
- Email：电子邮箱地址。
- Organization Name：单位名称，可选。
- Username：用户名，6～24个字符，可以为拉丁字母、数字和@．_符号。
- Password：密码：至少8位字符，并且包含至少1个字母和1个数字，并且不能和用户名重复。
- Confirm Password：确认密码。
- Security question：安全问题。
- Security answer：安全密码。

同意并确认相关协议的选项后，单击 Create developer account 按钮创建账户。随后，即可进入开发者网站 Dashboard 界面中，如图 2-39 所示。

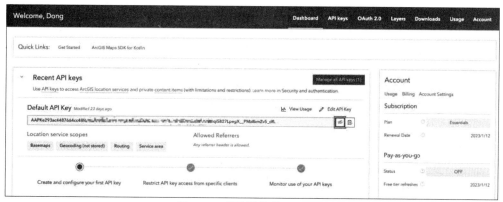

图 2-39　获取默认的 API Key

此时会生成一个默认的 API Key(Default API Key)。这个 API Key 可以应用在任何的 ArcGIS Maps SDK 中，并且一个 API Key 可以应用在一个或者多个应用中，单击 View Usage 按钮即可了解使用该 API Key 的应用运行情况，以便应用的运营分析，因此，对于两个完全不同功能的应用，建议使用不同的 API Key 进行管理。

2．申请许可

ArcGIS Runtime 许可体系包括4级许可，分别为 Lite 许可、基础许可(Basic)、标准许可(Standard)和高级许可(Advanced)，如表 2-2 所示。

表 2-2　ArcGIS Runtime 许可

许可级别	许可内容
Lite	ArcGIS Maps SDK 中绝大多数能力
Basic	移动地理数据库和要素服务的编辑，Portal 内容的增加、删除和更新等

续表

许可级别	许可内容
Standard	Shapefile、GeoPackages、ENC、离线栅格等数据的访问；KML 数据的离线创建、编辑；可视化分析（视线分析）等
Advanced	暂等同于 Standard，无额外的许可内容

具体的许可信息可参考 https://developers.arcgis.com/kotlin/license-and-deployment/license/♯extension-licenses 网站。事实上，Lite 许可已经能满足绝大多数需求。在 ArcGIS 开发者网站中可以免费获取 Lite 许可，打开 ArcGIS Maps SDK for Kotlin 官方网站的许可和部署（License and deployment）页面，其地址为 https://developers.arcgis.com/kotlin/license-and-deployment/，如图 2-40 所示。

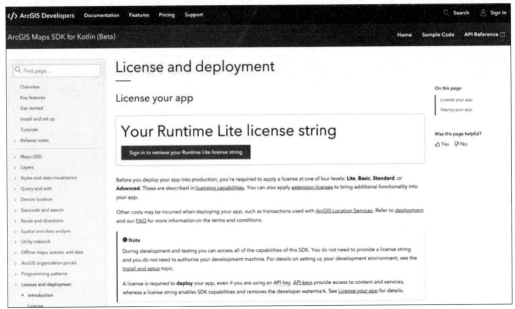

图 2-40　Lite 许可的获取

通过 ArcGIS for Developers 账号登录后，即可在 Your Runtime Lite license string 位置显示 Lite 许可字符串，如图 2-41 所示。

API Key 和 Lite 许可是使用 ArcGIS Maps SDK for Kotlin 的基础，在 2.2.2 节中将会用到这两个字符串对应用程序工程进行配置。

2.2.2　显示二维地图（MapView）

本节在 2.1.2 节创建的 MapView 工程中，配置并授权 ArcGIS Maps SDK for Kotlin，并增加地图控件显示地图。

图 2-41　Lite 许可字符串

1. 工程配置

首先，对工程进行基础性配置。

1）修改全局 build.gradle.kts（Project：MapView）

在文件的末尾添加 clean 函数，用于清除编译数据，代码如下（加粗部分为增加的代码，下同）：

```
//Top-level build file where you can add configuration options common to all sub-
projects/modules.

plugins {
    id 'com.android.application' version '7.2.1' apply false
    id 'com.android.library' version '7.2.1' apply false
    id 'org.jetbrains.kotlin.android' version '1.7.0' apply false
}

tasks.register("clean", Delete::class.java){
    delete(rootProject.buildDir)
}
```

2）修改 build.gradle.kts（Module：app）

为工程增加 Lifecycle 依赖和 ArcGIS Maps SDK for Kotlin 依赖，需要对 build.gradle.kts（Module：app）文件做出如下调整：

（1）确认后将编译 SDK（compileSdk）和目标 SDK（targetSdk）的版本修改为 34，以及最小支持的 SDK 版本（minSdk）在 26 及以上。

（2）增加 Lifecycle 组件和最新版本的 ArcGIS Maps SDK 组件。

（3）增加 buildFeatures 和 packagingOptions 配置选项。

文件经过修改后的代码如下：

```
plugins {
    id("com.android.application")
    id("org.jetbrains.kotlin.android")
```

```
}
android {
    namespace ="com.example.myapplication"
    compileSdk =33

    defaultConfig {
        applicationId ="com.example.myapplication"
        minSdk =26
        targetSdk =33
        ...
    }
    compileOptions {
        sourceCompatibility =JavaVersion.VERSION_1_8
        targetCompatibility =JavaVersion.VERSION_1_8
    }
    kotlinOptions {
        JVMTarget ="1.8"
    }

    buildFeatures {
        viewBinding =true
    }
    packagingOptions {
        Excelude("META-INF/DEPENDENCIES")
    }
    ...
}

dependencies {

    ...
    implementation("androidx.lifecycle:lifecycle-runtime-ktx:2.6.2")
    implementation("com.esri:arcgis-maps-kotlin:200.3.0")

}
```

注意 Lifecycle 组件是 Jetpack 工具包的一部分，在后文中将使用该组件配合 Kotlin 协程特性实现地图控件、地理数据库加载等相关的异步操作。

笔者撰稿时，ArcGIS Maps SDK 的最新版本为 200.3.0，读者可以指定最新的版本：

```
implementation "com.esri:arcgis-maps-kotlin:latest.release"
```

3）修改 setting.gradle.kts（Project Settings）

增加 ArcGIS 官方的 Gradle 源，代码如下：

```
pluginManagement {
    repositories {
        google()
        mavenCentral()
        gradlePluginPortal()

    }
}
dependencyResolutionManagement {
    repositoriesMode.set(RepositoriesMode.FAIL_ON_PROJECT_REPOS)
    repositories {
        google()
        mavenCentral()
        maven {
            url =uri("https://esri.jfrog.io/artifactory/arcgis")
        }
    }
}

rootProject.name ="MapView"
include(":app")
```

在 Android Studio 的菜单栏中,选择 File→Sync Project with Gradle Files 选项(或者单击工具栏中的 按钮),对依赖的 SDK 进行下载同步。

注意 此时在任意 Gradle 配置或构建脚本文件中的上方显示 Gradle files have changed since last project sync. A project sync may be necessary for the IDE to work properly.提示,单击其右侧的 SyncNow 按钮也可以实现 SDK 的下载同步。

这个过程可能需要一段时间,等待 Android Studio 右下角进度条消失即可。如果在同步期间出现错误,则可以改善网络环境后重试。

2. 添加并配置地图控件

1)增加访问互联网权限

由于本例中 MapView 需要使用来自互联网的地图服务,所以需要为应用增加访问互联网权限,并增加 OpenGL ES 的插件支持选项。修改 app→manifests→AndroidManifest.xml,代码如下:

```
<manifest xmlns:android="http://schemas.android.com/apk/res/android"
    xmlns:tools="http://schemas.android.com/tools"
    package="edu.hebtu.mapview">

<uses-permission android:name="android.permission.INTERNET" />
<uses-feature
```

```
        android:glEsVersion="0x00020000"
        android:required="true" />
    ...
</manifest>
```

2）在 MainActivity 的布局界面中，增加地图控件

修改 app→res→layout→activity_main.xml，代码如下：

```
<?xml version="1.0" encoding="utf-8"?>
<androidx.constraintlayout.widget.ConstraintLayout
xmlns:android="http://schemas.android.com/apk/res/android"
    xmlns:app="http://schemas.android.com/apk/res-auto"
    xmlns:tools="http://schemas.android.com/tools"
    android:layout_width="match_parent"
    android:layout_height="match_parent"
    tools:context=".MainActivity">

<TextView
        android:layout_width="wrap_content"
        android:layout_height="wrap_content"
        android:text="Hello World!"
        app:layout_constraintBottom_toBottomOf="parent"
        app:layout_constraintEnd_toEndOf="parent"
        app:layout_constraintStart_toStartOf="parent"
        app:layout_constraintTop_toTopOf="parent" />

</androidx.constraintlayout.widget.ConstraintLayout>
```

删除 TextView 控件，添加 MapView 控件，代码如下：

```
<?xml version="1.0" encoding="utf-8"?>
<androidx.constraintlayout.widget.ConstraintLayout xmlns:android="http://schemas.android.com/apk/res/android"
    xmlns:app="http://schemas.android.com/apk/res-auto"
    xmlns:tools="http://schemas.android.com/tools"
    android:layout_width="match_parent"
    android:layout_height="match_parent"
    tools:context=".MainActivity">

<com.arcgismaps.mapping.view.MapView
        android:id="@+id/mapview"
        android:layout_width="0dp"
        android:layout_height="0dp"
        app:layout_constraintBottom_toBottomOf="parent"
```

```xml
            app:layout_constraintEnd_toEndOf="parent"
            app:layout_constraintStart_toStartOf="parent"
            app:layout_constraintTop_toTopOf="parent" />

</androidx.constraintlayout.widget.ConstraintLayout>
```

如果此时 MapView 标签上出现红色错误提示，则说明上一步中 ArcGIS Maps SDK 导入失败。读者可以检查之前的步骤是否正确，或者尝试重启 Android Studio。

3) 在 **MainActivity.kt** 中，注册 **API**，并为地图控件增加地图

```kotlin
package edu.hebtu.mapview

import androidx.appcompat.app.AppCompatActivity
import android.os.Bundle
import com.arcgismaps.ApiKey
import com.arcgismaps.LicenseKey
import com.arcgismaps.ArcGISEnvironment
import com.arcgismaps.mapping.ArcGISMap
import com.arcgismaps.mapping.BasemapStyle
import com.arcgismaps.mapping.view.MapView

class MainActivity : AppCompatActivity() {

    override fun onCreate(savedInstanceState: Bundle?) {
        super.onCreate(savedInstanceState)
        setContentView(R.layout.activity_main)
        //配置 API Key
        ArcGISEnvironment.apiKey = ApiKey.create("API_KEY")
        //配置许可
        val licenseKey = LicenseKey.create("License String") ?: return
        ArcGISEnvironment.setLicense(licenseKey)
        //获取 MapView 地图控件
        val mapView = findViewById<MapView>(R.id.mapview)
        //通过 Jetpack 架构托管地图控件的生命周期
        lifecycle.addObserver(mapView)
        //为地图控件增加地图
        mapView.map = ArcGISMap(BasemapStyle.ArcGISTopographic)
    }
}
```

在上面的代码中，设置了 API Key 和许可，并对地图控件进行了简单配置，显示全球地图。

注意 lifecycle 对象是生命周期感知型组件，属于 Jetpack 架构的一部分。通过 lifecycle 对象的 addObserver 函数可以对另一个组件（如地图控件 mapView）的生命周期进行托管，从

而精简代码，便于维护。

编译并运行程序，结果如图 2-42 所示。

图 2-42　地图控件显示效果

如果地图无法正常显示，则说明地图控件使用错误或者 API Key 不正确。如果地图控件上显示 Licensed For Developer Use Only 字样，则说明许可配置错误。

注意　如果开发者使用 Beta 版本的 ArcGIS Maps SDK，则 Beta - For Developer Use Only 字样会一直显示在地图上。

在 MapView 实例中并没有填入真正可用的 API Key 和许可，需要读者将自己申请的 API Key 和许可填入相应的位置后才可正常运行示例程序。本书其他所有实例也需要自行填入 API Key 和许可，后文将不再赘述。

在默认情况下，可以通过拖动的方式移动地图，可以通过双指捏合的方式缩放地图，如

表 2-3 所示。

表 2-3 使用二维地图控件

动　作	操 作 方 法
放大(Zoom in)	单指双击或双指外滑
缩小(Zoom out)	双指点击或双指捏合
移动(Pan)	单指滑动
旋转地图	双指反方向滑动旋转

2.2.3 显示三维地图(SceneView)

三维地图应用的创建方法是类似的,只不过使用的控件不同。二维地图使用地图控件 MapView,而三维地图使用场景控件 SceneView。创建工程 SceneView,并进行和 MapView 类似的工程配置,但在配置地图控件的代码中,需要将 SceneView 替换 MapView。

activity_main.xml 的代码如下:

```xml
<?xml version="1.0" encoding="utf-8"?>
<androidx.constraintlayout.widget.ConstraintLayout xmlns:android="http://schemas.android.com/apk/res/android"
    xmlns:app="http://schemas.android.com/apk/res-auto"
    xmlns:tools="http://schemas.android.com/tools"
    android:layout_width="match_parent"
    android:layout_height="match_parent"
    tools:context=".MainActivity">

<com.arcgismaps.mapping.view.SceneView
        android:id="@+id/sceneview"
        android:layout_width="0dp"
        android:layout_height="0dp"
        app:layout_constraintBottom_toBottomOf="parent"
        app:layout_constraintEnd_toEndOf="parent"
        app:layout_constraintStart_toStartOf="parent"
        app:layout_constraintTop_toTopOf="parent" />

</androidx.constraintlayout.widget.ConstraintLayout>
```

在 MainActivity.kt 中,使用 SceneView 对象代替 MapView 对象,代码如下:

```
package edu.hebtu.mapview
```

```kotlin
import androidx.appcompat.app.AppCompatActivity
import android.os.Bundle
import com.arcgismaps.ApiKey
import com.arcgismaps.LicenseKey
import com.arcgismaps.ArcGISEnvironment
import com.arcgismaps.mapping.ArcGISScene
import com.arcgismaps.mapping.BasemapStyle
import com.arcgismaps.mapping.view.SceneView

class MainActivity : AppCompatActivity() {

    override fun onCreate(savedInstanceState: Bundle?) {
        super.onCreate(savedInstanceState)
        setContentView(R.layout.activity_main)
        //配置 API Key
        ArcGISEnvironment.apiKey = ApiKey.create("API_KEY")
        //配置许可
        val licenseKey = LicenseKey.create("License String") ?: return
        ArcGISEnvironment.setLicense(licenseKey)
        //获取 Scene 三维地图控件
        val sceneView = findViewById<SceneView>(R.id.sceneview)
        //通过 Jetpack 架构托管地图控件的生命周期
        lifecycle.addObserver(sceneView)
        //为 Scene 三维地图控件增加 Scene
        sceneView.scene = ArcGISScene(BasemapStyle.ArcGISTopographic)

    }
}
```

编译并运行程序，三维地图控件的显示效果如图 2-43 所示。

三维地图的操作方法和二维地图的操作方法类似，但增加了一个用于改变视线高度的操作，如表 2-4 所示。

表 2-4　使用三维地图控件

动　　作	操 作 方 法
放大（Zoom in）	单指双击或双指外滑
缩小（Zoom out）	双指点击或双指捏合
移动（Pan）	单指滑动
旋转地图	双指反方向滑动旋转
改变视线高度	双指同时向上或向下滑动

图 2-43 三维地图控件显示效果

2.3 本章小结

本章介绍了如何搭建移动 GIS 开发环境，包括 Android 开发环境搭建和 ArcGIS Maps SDK 的环境搭建，并实现了第 1 个包含地图控件的应用程序。地图控件是用户直观了解地理空间信息的方式。在后文的学习中，绝大多数内容是依靠与地图控件（MapView 或 SceneView）展现实现效果的。

对于初学者来讲，最为重要的是按照步骤对工程进行配置，并实现和理解工程中最为基本的代码，相信读者能够有所收获。

2.4 习题

（1）配置移动 GIS 开发环境。

（2）尝试开发一个地图应用，运行并调试。

第 3 章 Kotlin 快速入门

Kotlin 是开发 Android 应用程序的主要开发语言,是 Android 应用开发的基础。Kotlin 是由 JetBrains 研发的跨平台静态编程语言,既可以编译为 Java 字节码,也可以编译为 JavaScript,以便提供跨平台能力。2016 年,Kotlin 发布了其 1.0 版本。短短 1 年后的 2017 年,谷歌就将其作为 Android 应用开发的一级开发语言。那么 Kotlin 为什么具有如此的魅力呢?这主要归功于 Kotlin 如下主要特性。

(1) Kotlin 的语法更加现代:Kotlin 和新生的 Python、Go 等一同成为现代编程语言的明星。这意味着 Kotlin 更加简洁,拥有众多好用的语法糖,如 Lambda 表达式、尾随闭包、扩展函数等。

(2) Kotlin 更加安全:空值安全特性能够避免许多空指针异常的调试。

(3) Kotlin 支持协程(Coroutine):通过协程可以轻松地构建异步非阻塞代码,而这在移动开发中非常常用。

(4) Kotlin 是多范式编程语言:不仅具有完整的面向对象编程特性,也提供了函数式编程方法。

本章介绍 Kotlin 的基本特性和基本用法,主要面向没有任何 Kotlin 开发基础的读者参阅,以便能够快速进入 ArcGIS Maps SDK 的学习中。如果读者有 Kotlin 编程基础,则可跳过本章。本章核心知识点如下:

- Kotlin 基础语法
- 函数和 Lambda 表达式
- 字符串
- 集合类型
- 面向对象编程
- 空安全

3.1 Kotlin 基本语法

在 Android 编程中,也可以同时使用 Kotlin 和 Java 两种语言构建应用程序。不过,似乎在互联网上 Java 拥有更好的"群众基础",学习资料也更多,那么为什么还要学习 Kotlin 呢？这主要有以下两个原因：

(1) Kotlin 具有更加现代的语法,更简洁、更好用,已经成为 Android 开发的首选(第一)语言。越来越多的 Android 开发者使用 Kotlin 语言。

(2) ArcGIS Maps SDK 已经不再支持 Java 编程语言,仅支持 Kotlin 语言编程。

实际上,Kotlin 是参照 Java 开发者编程思维而研发的编程语言,因此可以在 Kotlin 中寻找到 Java 的影子。对于有 Java 语言基础的开发者,能够很容易地切换到 Kotlin 编程应用中。本节介绍 Kotlin 的变量、函数等基本语法。

3.1.1 运行和调试 Kotlin 代码

为了学习 Kotlin 语言,需要选择合适的 IDE(集成开发环境)。通过以下方式可以编写 Kotlin 程序：

(1) 使用 Android Studio。由于 Android Studio 无法创建纯 Kotlin 语言的项目,只能在 Android 工程中创建 Kotlin 源代码文件。

(2) 使用独立的 IDE,如 IntelliJ IDEA、Visual Studio Code 或 Vim 等。IntelliJ IDEA 是官方推荐的 Kotlin 语言 IDE,可以在 https://www.jetbrains.com/zh-cn/idea/download 网站下载使用。

(3) 在 play.kotlinlang.org 网站上编写 Kotlin 语言程序,如图 3-1 所示。

图 3-1　在线编写 Kotlin 程序

本节主要介绍在 Android Studio 中创建 Kotlin 源文件的方法。创建或打开任意的 Android 工程,在工程窗格中的任意包(Package)上右击,选择 New→Kotlin File/Class,此时会弹出 New Kotlin Class/File 对话框,如图 3-2 所示。

在 Name 文本框中输入任意名称(如 kotlin),并选择类型为 File,按 Enter 键即可创建

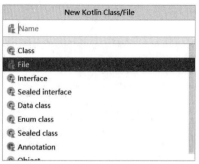

图 3-2 创建 Kotlin 类/文件

kotlin.kt 文件。此时，即可在该文件中编写 Kotlin 语言代码。在默认情况下，该文件中包含了包的声明，代码如下：

```
package edu.hebtu.kotlintest
```

下面，添加 Kotlin 程序的主函数 main（程序的入口），输出"hello, kotlin!"字符串，代码如下：

```
package edu.hebtu.kotlintest

fun main() {
    println("hello, kotlin!")
}
```

随后，单击 fun main 左侧的▶按钮，并在弹出的菜单中选择 Run 'KotlinKt'选项即可运行程序，如图 3-3 所示。

```
kotlin.kt ×
1    package edu.hebtu.mapview
2
3  ▶ fun main() {
4        println("kotlin test!")
5    }
```

图 3-3 运行 Kotlin 程序

程序运行后，程序的输出结果会显示在 Run 窗体中，如图 3-4 所示。

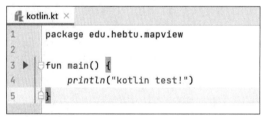

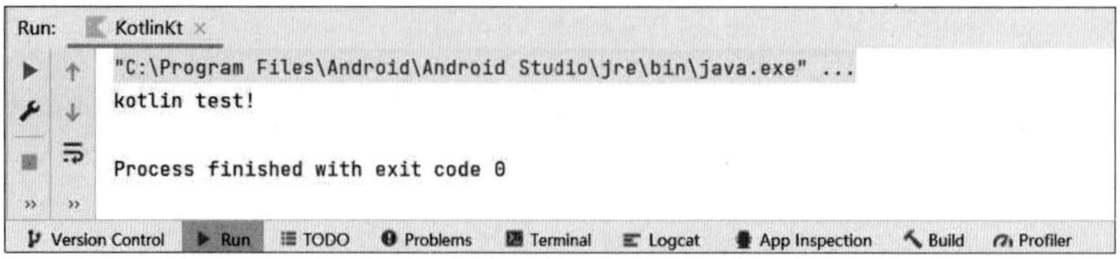

图 3-4 Kotlin 程序运行结果

开发者可以沿用上述搭建好的开发环境进行学习和调试。

3.1.2 常量和变量

常量和变量用于承载程序中的各种数据,本节介绍常量和变量的定义,并实现简单的基本数学运算。

1. 常量和变量的基本用法

在 Kotlin 中,常量用 val 关键字(value 的简写)定义,其值在初始化后不能再次修改;变量用 var 定义(variable 的简写),值在初始化后可再修改。

注意 本章所有的代码均可在本书配套实例代码 code/chapter03 中找到,并且在后文中的每个实例前均包括文件位置的注释,如 code/chapter03/example3_1.kt 表示该代码文件的名称为 example3_1.kt。

分别定义整型常量 constant 和浮点型变量 variable,并输出相应的值,代码如下:

```
//code/chapter03/example3_1.kt
fun main() {
    val constant =100                              //声明并初始化 constant 整型常量
    println("The constant is " +constant)          //输出 constant 值
    var variable =100.0                            //声明并初始化 variable 浮点型变量
    println("The variable is " +variable)          //输出 variable 值
}
```

在 main 函数中,每行为一个语句。这些语句会按照先后顺序执行。在上述程序中,首先定义了 constant 常量,并初始化为 100,然后输出该 constant 常量的值。再后,定义了 variable 变量,并初始化为 100.0,最后输出该 variable 变量的值。常量 constant 的值在初始化后就无法通过赋值表达式修改了。

注意 两个斜线"//"表示注释,该行后面的任何字符串不参与程序的编译。通过注释可以说明代码的意义,记录编程的过程。除了"//"注释以外,还可以使用"/* 注释内容 */"的方式实现多行注释。

编译并运行程序,输出的结果如下:

```
The constant is 100
The variable is 100.0
```

2. 基本数据类型

Kotlin 中包含了 Int、Long 等 8 种基本数据类型,这 8 种基本数据类型和 Java 中的基本数据类型相对应,如表 3-1 所示。

表 3-1　Kotlin 和 Java 基本数据类型

数据类型	Java	Kotlin	值的大小 (字节数)	字面量 （以十进制为例）
字节型	byte	Byte	1	无字面量，可使用整型向上转型
短整型	short	Short	2	无字面量，可使用整型向上转型
整型	int	Int	4	直接使用数字，如 30
长整型	long	Long	8	数字后接 L，如 30L
单精度浮点型	float	Float	4	浮点值后接 f(或 F)，如 3.0f，12.4e2F
双精度浮点型	double	Double	8	直接使用浮点值，如 3.2e10
布尔型	boolean	Boolean	1	true 或 false
字符型	char	Char	2	用单引号表示，如'a'

和 Java 不同的是，Kotlin 数据类型关键字的首字母为大写，而 Java 数据类型关键字均为小写。

定义这些不同类型的变量，代码如下：

```
//code/chapter03/example3_2.kt
fun main() {
    var oneByte : Byte = 10                         //字节型
    println(oneByte is Byte)
    var short : Short = 1024                        //短整型
    println(short is Short)
    var int = 1314520                               //整型
    println(int is Int)
    var long = 80000000000000L                      //长整型
    println(long is Long)
    var pi = 3.1415926f                             //单精度浮点型
    println(pi is Float)
    var lightSpeed = 2.99792458e8                   //双精度浮点型
    println(lightSpeed is Double)
    var bool = false                                //布尔型
    println(bool is Boolean)
    var ch = 'e'                                    //字符型
    println(ch is Char)
}
```

通过 is 关键字可以判断变量或常量的类型，其返回值为布尔型的判断结果。编译并执行上述程序会在控制台中输出 8 个 true。

注意　Kotlin 中，数值支持十进制、十六进制（以 0x 开头），但是不支持八进制。

在声明常量和变量时,如果没有同时初始化,则必须声明其类型,代码如下:

```
//code/chapter03/example3_3.kt
fun main() {
    val constant : Int                              //声明 constant 整型常量
    constant =100                                   //初始化 constant
    println("The constant is " +constant)           //输出 constant 值
    var variable : Double                           //声明 variable 双精度浮点型变量
    variable =100.0                                 //初始化 variable
    println("The variable is " +variable)           //输出 variable 值
}
```

编译并运行程序,输出的结果如下:

```
The constant is 100
The variable is 100.0
```

3. 数学运算

对于整型(包括字节型、短整型、整型和长整型)和浮点型(包括单精度浮点型和双精度浮点型)来讲,可以通过+、-、*、/和%等运算符完成加、减、乘、除和取余等基本运算,但是,参与计算的变量(或常量、值)必须为同一种类型,这主要分为以下 3 种情况。

(1) 参与计算的值均为整型:自动将精度较低的整型转换为精度较高的整型后参与计算。如 Short 和 Int 类型的值参与计算,那么会将 Short 类型的值转换为 Int 类型的值后再进行计算。

(2) 参与计算的值均为浮点型:与整型类似,自动将精度较低的浮点型转换为精度较高的浮点型后参与计算。

(3) 整型值和浮点型值参与计算:无法计算会导致编译报错。此时,可以通过类型转换的方式将整型值转换为浮点型值,或者将浮点型值转换为整型值后再进行计算。

Kotlin 是一门静态强类型编程语言,因此对于任意的整型或者浮点型来讲都需要进行显式转换。在实际操作中,可使用如表 3-2 所示的函数进行类型转换。

表 3-2 整型和浮点型的类型转换函数

函 数	描 述
toByte(): Byte	转换为字节型
toShort(): Short	转换为短整型
toInt(): Int	转换为整型
toLong(): Long	转换为长整型
toFloat(): Float	转换为单精度浮点型
toDouble(): Double	转换为双精度浮点型
toChar(): Char	转换为字符型

例如,计算整型值 657260 和浮点型值 2.0 之间的乘法,代码如下:

```
//code/chapter03/example3_4.kt
fun main() {
    val a = 657260             //整型
    val b = 2.0                //浮点型
    //将 b 转换为整型后参与计算
    println(a * b.toInt())
}
```

由于常量 a 和 b 为不同类型,因此需要通过类型转换函数将其中一个常量的类型转换为另一个常量的类型。这里将浮点型常量 b 转换为整型后再进行乘法运算。编译并运行程序,输出的结果如下:

```
1314520
```

3.1.3 函数

函数是业务逻辑的载体,本节介绍函数及其调用、函数重载的方法。

1. 函数

函数通过 fun 关键字定义,包括函数头和函数体两个主要部分,如图 3-5 所示。

函数头包含了函数名称、函数参数列表和函数返回定义。

(1) 函数名称:通过标识符定义。在 Kotlin 中,标识符可以由下画线、字母和数字组成,但是首字符不能是数字。函数名称为 main 的函数为程序的入口函数。对于一个程序(包)而言,只能存在一个 main 函数。

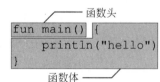

图 3-5 函数由函数头和函数体组成

(2) 参数列表:用于定义函数的输入,在函数名称后的小括号内定义。在上述的 main 函数中,没有参数列表,在调用该函数时无须函数输入。

(3) 函数返回:用于定义函数的输出。当没有定义函数的返回时,函数返回 Unit 对象。

函数体包含了函数具体的业务逻辑,也是函数的主体部分。定义两个整型相乘的函数 multiply,通过参数列表传入两个整型值,并返回这两个值的乘积,代码如下:

```
//code/chapter03/example3_5.kt
//主函数
fun main() {
    //计算 10 * 5
    val res = multiply(10, 5)
    //输出结果
    println("10 * 5 =" + res)
}
```

```
//两数相乘函数
fun multiply(a : Int, b : Int) : Int {
    //通过return关键字返回结果
    return a * b
}
```

在main函数中通过函数调用表达式multiply(10,5)调用了multiply函数,其中10和5分别为该函数的两个参数a和b。随后执行multiply函数中的函数体,计算其值为50,并将该值作为返回值返回,因此表达式multiply(10,5)的值为50,并将其赋值给res变量,整个调用过程如图3-6所示。

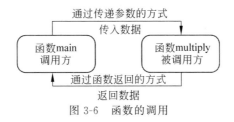

图3-6 函数的调用

编译并运行程序,输出的结果如下:

```
10 * 5 = 50
```

2. 函数的重载

Kotlin函数支持函数重载。同名函数可以具有不同的参数列表,通常用于针对不同的输入完成相同或者类似的功能。例如,实现两个add重载函数,分别用于整型值的加法和浮点型的加法,代码如下:

```
//code/chapter03/example3_6.kt
fun main() {
    println("1 + 1 = " + add(1, 1))
    println("10 + 6 = " + add(10.0f, 6.0f))
}

fun add(a : Int, b : Int) : Int {
    val sum = a + b
    return sum
}

fun add(a : Float, b : Float) : Float {
    val sum = a + b
    return sum
}
```

编译并运行程序,输出的结果如下:

```
1 + 1 = 2
10 + 6 = 16.0
```

许多 Kotlin 内置函数设计了函数重载。例如，用于输出的 println 函数就是重载函数，其输出参数的数据类型可以为任意基本数据类型，也可以是字符串。值得注意的是，println 函数输出信息后会在其末尾添加一个换行符，因此通过 println 函数输出的信息会处在不同的行，然而，print 函数也可以实现类型的输出功能，但是并不会在其末尾添加换行符。

3.1.4 Lambda 表达式

Lambda 表达式实际上可以理解为匿名函数。Lambda 表达式使用花括号{ }包围，其中包含了参数列表、双线箭头=>和表达式体3个主要部分，其基本结构如下：

```
{ 参数列表 -> 表达式体 }
```

例如，用于两个整型值加法运算的 Lambda 表达式的代码如下：

```
{ v1 : Int, v2 : Int ->
    println("计算 v1 和 v2 的和!")
v1 + v2
}
```

与普通函数相比，Lambda 表达式没有名称，只是一个独立的代码块。此时，可以将该 Lambda 表达式理解为函数类型的值，可以赋值给任意的函数类型。

函数类型的由参数类型列表、单线箭头符号->和返回类型组成，其基本形式如下：

```
(参数类型列表) -> 返回类型
```

上述 Lambda 表达式的函数类型为(Int，Int) -> Int。例如，定义(Int，Int) -> Int 类型的函数 func，然后将上述 Lambda 表达式赋值给 func，代码如下：

```
//code/chapter03/example3_7.kt
fun main(){
    val func : (Int, Int) ->Int = { v1 : Int, v2 : Int ->
        println("计算${v1}和${v2}的和!")
        v1 + v2
    }
    val res = func(2, 3)
    println("结果为 : " + res)
}
```

定义 func 函数类型的常量后，即可通过 func 函数名对该 Lambda 表达式进行调用了。编译并运行程序，输出的结果如下：

```
计算 2 和 3 的和!
结果为：5
```

如此一来，函数就能够和其他的数据类型具有相同的地位了，这就是"函数是一等公民"的思想。

3.1.5 协程

在 Android 应用程序中，默认存在主线程。由于主线程负责管理 UI 界面刷新，因此异步代码不建议也不能在主线程中实现。此时，开发者使用线程方式管理异步代码，但是本节介绍另一种轻量化的异步管理方式：协程。

1. 协程

协程是 Kotlin 非常具有特色的语言特性。传统的异步编程通常使用多线程编程方法，线程由操作系统调度，而协程则由编程语言进行调度，更加简洁和高效。在日常使用中，可以将协程理解为更加轻量级的线程。通过协程可以实现更加流畅的应用。

> **注意** 协程特性并不在 Kotlin 的标准库中，需要使用 Coroutine 库才能使用。读者可以在包含协程特性的 Android 工程中练习本节代码。

通过 Global.launch 函数可以创建一个线程，代码如下：

```
//code/chapter03/example3_8.kt
import kotlinx.coroutines.GlobalScope
import kotlinx.coroutines.launch

fun main() {
    GlobalScope.launch {
        println("协程作用域")
    }
    Thread.sleep(1000)          //线程睡眠 1s
}
```

在 launch 函数后的 Lambda 表达式中是独立的协程作用域。这部分代码和 Lamdba 外部的其他代码是异步的。

之所以在主函数中睡眠 1 秒线程，是为了保证在程序结束前执行完协程中的业务逻辑。如果需要确保执行完协程中的代码后再结束，则可以使用 runBlocking 函数，代码如下：

```
runBlocking {
    println("协程作用域")
}
```

此时，无论如何协程中的代码一定会执行完毕。通过 runBlocking 可以创建多个子线程(Global.launch 函数只能创建顶层协程)，代码如下：

```
runBlocking {
    launch {
        println("子协程 1")
    }
    launch {
        println("子协程 2")
    }
}
```

2. 生命周期协程

Lifecycle 库定义了生命周期协程 LifecycleScope。通过 lifecycleScope.launch 函数创建协程作用域可以和当前 Activity(LifecycleOwner)绑定。当 Activity 被销毁时，协程也会自动关闭，避免内存泄漏，其基本代码如下：

```
lifecycleScope.launch {
    //作用域
}
```

需要注意的是，在子协程内调用外部函数时，需要将外部函数定义为挂起函数，即通过 suspend 关键字修饰，否则无法正常调用，代码如下：

```
suspend fun test() {
    println("挂起函数")
}
```

这个结构会在后文中经常见到。

3.2 基本逻辑控制

本节介绍 Kotlin 中程序的基本逻辑控制(条件结构和循环结构)的基本用法。通过 if 语句和 when 语句可以实现条件结构，通过 while 和 for in 语句可以实现循环结构。

3.2.1 条件结构

条件结构可以使用 if 条件语句和 when 条件语句实现，前者常用于较少分支，而后者可以很轻松地实现多个分支。

1. if 语句

if 语句使用 if 关键字进行声明，其基本形式如下：

```
if (条件测试表达式) {语句块}
```

当条件测试表达式的结果为 true 时，执行语句块，如图 3-7 所示。

例如，判断 value 值的绝对值是否小于 1，代码如下：

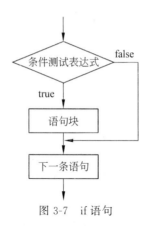

图 3-7　if 语句

```
var value = 0.3
if (value < 1 && value > -1) {
    println("value 的绝对值小于 1")
}
```

条件测试表达式的值必须为布尔型,即只能为 true 或 false。在上述代码中,&& 为逻辑与操作符,用于对前后两个表达式(或布尔值)进行逻辑与运算。逻辑操作符包括以下 3 种类型。

- &&：逻辑与,可以理解为并且的意思。
- ||：逻辑或,可以理解为或者的意思,也就是条件可以二取一。
- !：逻辑非,即逻辑取反。

由于 value 的值介于 −1～1,因此上述代码的输出结果如下:

```
value 的绝对值小于 1
```

当然,if 关键字可以和 else 关键字连用,实现双分支结构,其基本形式如下:

```
if (条件测试表达式) {
    语句块 1 //当条件测试表达式为 true 时执行
} else {
    语句块 2 //当条件测试表达式为 false 时执行
}
```

当条件测试表达式的结果为 true 时,执行语句块 1;反之则执行语句块 2,如图 3-8 所示。

例如,判断 value 值的绝对值是否小于 1,代码如下:

```
var value = 0.3
if (value < 1 && value > -1) {
    println("value 的绝对值小于 1")
```

```
} else {
    println("value 的绝对值不小于 1")
}
```

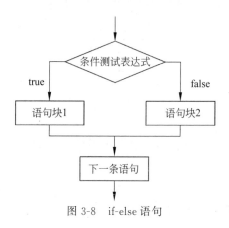

图 3-8 if-else 语句

上述代码的输出结果如下：

```
value 的绝对值小于 1
```

另外，if 语句支持嵌套用法，用于实现多个分支。例如，变量 score 表示分数，通过分数判断成绩等级，代码如下：

```
//code/chapter03/example3_9.kt
fun main(){
    var score : Int =77           //定义 score 变量存储分数，初始化为 77 分
    if (score >=80){
        //当分数大于或等于 80 分时，执行该语句块
        if (score >=90){
    print("成绩优秀\n")          //当分数大于或等于 90 分时
        } else {
    print("成绩良好\n")          //当分数小于 90 分(且大于 80 分)时
        }
    } else {
        //当分数小于 80 分时，执行该语句块
        if (score <60){
    print("成绩不合格\n")        //当分数小于 60 分时
        } else {
    print("成绩合格\n")          //当分数大于或等于 60 分(且小于 80 分)时
        }
    }
}
```

在上述代码中，通过 if 语句的嵌套实现了 4 个分支：

(1) 当 score 分数大于或等于 90 时,输出"成绩优秀"。
(2) 当 score 分数介于 80~90 时,输出"成绩良好"。
(3) 当 score 分数介于 60~80 时,输出"成绩合格"。
(4) 当 score 分数小于 60 时,输出"成绩不合格"。
由于 score 介于 60~80,因此属于成绩合格。上述代码的输出如下:

```
成绩合格
```

2. when 语句

when 语句为多分支条件结构,通过 when 关键字定义,其基本形式如下:

```
when(待匹配的表达式) {
    模式 1 -> 语句块 1
    模式 2 -> 语句块 2
    …
    模式 n -> 语句块 n
}
```

计算待匹配的表示式的结果,然后依次匹配模式 1、模式 2 等。当某个模式匹配成功后,进入相应的语句块,如图 3-9 所示。

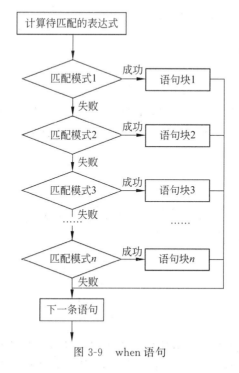

图 3-9　when 语句

执行 when 语句时,首先会计算待匹配的表达式的值,然后匹配 when 结构下的各个模

式,一旦匹配成功,将进入相应的语句块中。例如,判断 value 值是否为 1 或者 0,代码如下:

```
//code/chapter03/example3_10.kt
fun main() {
    var value = 88
    when (value) {
        0 -> print("the value is 0\n")
        1 -> print("the value is 1\n")
        else -> print("the value is ${value}\n")
    }
}
```

对于 else 模式来讲,如果表达式无法匹配其他的模式,就会进入 else 分支。上述代码的输出结果如下:

```
the value is 88
```

3.2.2 循环结构

循环结构可以使用 while 循环语句和 for in 循环语句实现。

1. while 循环语句

while 循环语句通过 while 关键字定义,其基本形式如下:

```
while(条件测试表达式) {
    //语句块(也被称为循环体)
}
```

进入 while 语句时首先会执行一次条件测试表达式,当其为 true 时,则执行语句块(循环体);每次语句块执行完毕后再次判断条件测试表达式,直到条件测试表达式为 false 时结束,如图 3-10 所示。

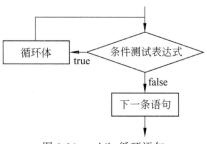

图 3-10 while 循环语句

在首次进入 while 语句或者每次执行完语句块后都会计算条件测试表达式的值:如果该值为 true,则会执行语句块,否则会结束该 while 语句。例如,实现 1~10 的累加功能,代码如下:

```
//code/chapter03/example3_11.kt
fun main(){
    var i = 1                      //累加临时变量,初始化值为 1
    var sum = 0                    //累加结果变量,初始化值为 1
    while(i <= 10){                //计算 1,2,…,10 的和
        sum += i                   //用 sum 加上 i 并赋值到 sum 上
        i ++                       //临时变量加 1
    }
    println("sum = ${sum}\n")      //输出结果
}
```

累加临时变量 i 被初始化为 1。在 while 循环中,首次进入 while 循环及执行完 while 语句块后都会判断 i 是否小于或等于 10,如果成立,则 i 自加 1 并且将 i 的值累加到 sum 变量中,从而实现 1 到 10 的累加结果。编译并运行程序,输出的结果如下:

```
sum = 55
```

while 循环结构存在 do-while 循环结构变体,其基本形式如下:

```
do {
    //语句块(也被称为循环体)
} while(条件测试表达式)
```

该 do-while 循环结构不会在首次进入该循环时进行条件测试表达式的判断,因此其语句块会至少执行 1 次。

2. for in 循环

for in 循环语句需要 for 和 in 两个关键字配合使用,基本形式如下:

```
for (变量 in 区间) {
    //语句块(也被称为循环体)
}
```

for in 循环语句会依次遍历区间中的元素,并执行语句块(循环体),直到所有的元素都被遍历一遍,如图 3-11 所示。

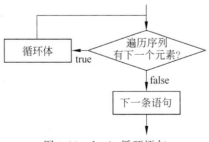

图 3-11　for in 循环语句

其中,区间是由区间操作符定义的表达式,其形式为 a..b,表示 a 到 b 的闭区间,即[a, b]。如 0..10 表示 0,1,…,10 这 11 个数。

区间类型的变量可以直接输出,代码如下:

```
val a =0..10
println(a)
```

输出的结果如下:

```
0..10
```

例如,通过 for in 循环实现累乘,代码如下:

```
//code/chapter03/example3_12.kt
fun main(){
    var sum =1                          //初始化阶乘值为 1
    for(value in 2..10){                //遍历数字序列 2、3、4、5、6、7、8、9、10
        sum =sum * value                //将 sum 依次乘序列中的每个值,然后赋值到 sum 变量本身
    }
    print("sum =${sum}\n")              //输出阶乘值大小
}
```

输出的结果如下:

```
sum =3628800
```

3. break 和 continue 关键字

break 和 continue 关键字都可以作为独立的语句使用。在 while 和 for in 循环中,break 用于终止循环(例如循环中出现了异常),continue 用于终止当前循环。

下面通过 1 个实例介绍 break 的用法。找到大于 100 且既可以被 2 整除,又可以被 3 整除,也可以被 5 整除的最小整数值,代码如下:

```
//code/chapter03/example3_13.kt
fun main(){
    var value =101                      //value 存储数字,初始化值为 101
    do {
        if (value %5 ==0
                && value %3 ==0         //数字 value 能被 5 整除
                && value %2 ==0){       //数字 value 能被 3 整除
            break                       //数字 value 能被 2 整除
        }                               //数字能同时被 2、3、5 整除
        value ++                        //value 值加 1
    } while (true)                      //死循环
    print("value =${value}\n")
}
```

在 do-while 循环中会从 value 变量的初始值 101 开始,不断地循环判断 value 是否符合条件(可同时被 2、3、5 整除),如果符合条件,则找到符合要求的 value 值,此时通过 break 语句退出循环,并对 value 的值进行输出。编译并运行程序,输出的结果如下:

```
value =120
```

下面通过另外一个实例介绍 continue 的用法。通过 while 循环输出 100 以内可以被 3 整除的所有整数,代码如下:

```kotlin
//code/chapter03/example3_14.kt
fun main(){
    var value =1                    //定义 value 变量并初始化为 1
    while (value <=100) {           //判断 value 值是否小于或等于 100
        //如果 value 不能被 3 整除,则结束本次循环
        if (value %3 !=0 ) {        //
            value ++                //value 值加 1
            continue
        }
        print("${value} ")          //输出 value 值
        value ++                    //value 值加 1
    }
}
```

在 while 循环中,每次循环都会使 value 加 1,直到 value 值到达 100。在循环体中,判断 value 是否能够被 3 整除,如果不能,则使用 continue 结束本次循环,否则会继续执行程序并输出 value 值,因此输出的 value 值一定能够被 3 整除。编译并运行程序,输出的结果如下:

```
3 6 9 12 15 18 21 24 27 30 33 36 39 42 45 48 51 54 57 60 63 66 69 72 75 78 81 84 87 90 93 96 99
```

3.3 字符串和集合类型

本节介绍两种比较复杂的数据类型:字符串和集合类型。在 Kotlin 中,字符串(String)和集合类型并不是基本数据类型,而是类。相关概念将在 3.4 节中学习,但是这两种数据类型非常常用,所以建议读者先行学习。

3.3.1 字符串

本节介绍字符串的创建、输出、拼接和模板等常见用法。

1. 字符串的基本用法

例如,可以通过创建字符串实例的方式创建空字符串,代码如下:

```kotlin
var str : String =String()
```

不过，字符串不一定通过 String 的构造函数创建，也可以直接使用其字面量对字符串类型的变量或者常量进行赋值，代码如下：

```
//code/chapter03/example3_15.kt
fun main(){
    val str : String ="MobileGIS"
    println(str)
}
```

编译并运行程序，输出的结果如下：

```
MobileGIS
```

字符串由按照一定顺序排列的字符组成，可以通过索引获取其中的某个字符，也可以被 for in 语句遍历。例如，遍历"Kotlin"字符串，代码如下：

```
//code/chapter03/example3_16.kt
fun main() {
    val str ="Kotlin"
    println(str.length)                    //字符串长度
    val char =str[0]                       //第 0 索引位置为字符 K
    println(char)
                                           //遍历字符串 str 的各个字符
    for (char in str) {
        print(char)                        //输出字符
        print(" ")                         //输出空格
    }
}
```

字符串中字符的个数为字符串长度，通过其 length 变量即可获取其长度。由于"Kotlin"中有 6 个字符，因此其长度为 6。随后，通过 str[0] 获取其索引为 0 的字符，并输出在控制台。在 for in 循环中，依次输出字符串"Kotlin"的字符，并输出一个空格。编译并运行程序，输出的结果如下：

```
6
K
K o t l i n
```

由于字符串的索引从 0 开始计数，因此对于长度为 n 的字符串，最后一个字符的索引为 $n-1$，如图 3-12 所示。

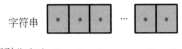

图 3-12　字符串的长度和索引

2. 字符串连接

通过连接符"+"可以连接多个字符串,即将几个字符串排列在一起形成新的字符串,如图 3-13 所示。

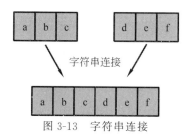

图 3-13　字符串连接

例如,连接字符串"hello"" "和"kotlin",并输出,代码如下:

```
val str1 = "hello"
val str2 = "kotlin"
println(str1 + " " + str2)
```

输出的结果如下:

```
hello kotlin
```

3. 字符串模板

在 Kotlin 代码和 Android 应用程序中,经常会输出文本信息,显示在控制台或者用户界面上,而字符串模板能够很好地将数据格式化为文本。在字符串中,模板操作符($)后可以直接连接变量或者代码块(用{}包裹)形成模板表达式。例如,需要在字符串中输出变量 i 的值,代码如下:

```
val i = 1009
println("i 的值为:$i")
```

在创建字符串"i 的值为:$i"时会将其中的$i 替换为具体的变量值,即"i 的值为:1009"。上述代码输出的结果如下:

```
i 的值为:1009
```

可以将表达式融入字符串中,其基本形式如下:

```
${表达式}
```

例如,判断 v1 和 v2 的值是否大于 100,代码如下:

```
val v1 = 99              //小于 100
val v2 = 101             //大于 100
println("v1 的值大于 100? ${v1 > 100}")
println("v2 的值大于 100? ${v2 > 100}")
```

输出的结果如下：

```
v1 的值大于 100? false
v2 的值大于 100? true
```

字符串连接和字符串模板具有类似的功能都可以拼接数据组成字符串，但是字符串模板的性能更高，占用资源更少，推荐开发者尽可能地使用字符串模板。

3.3.2 集合类型

常用的集合类型包括列表（List）、集合（Set）和键-值对（Map）等，本节介绍这些集合类型的基本用法。

1. 列表

列表是最常用的有序集合类型，通过 listOf 函数即可创建列表。例如，创建元素依次为 1、3、4、5 的列表，代码如下：

```
val list = listOf(1,3,4,5)
```

此时，该列表中包含 4 个元素，其长度为 4，如图 3-14 所示。

列表的索引从 0 开始，依次向后顺延。以上述列表为例，索引为 0 的元素为 1，索引为 3 的元素为 5。一般地，对于拥有 n 个元素的列表，最后一个元素的索引为 $n-1$，如图 3-15 所示。

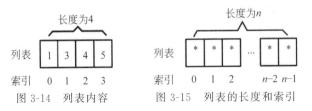

图 3-14 列表内容　　图 3-15 列表的长度和索引

通过索引操作符可以获取其中的某个元素。输出 list 列表及其索引为 2 的元素，代码如下：

```
val list = listOf(1,3,4,5)
println(list)
println(list[2])
```

在上述代码中，通过 list[2] 获取 list 列表中的第 2 个索引的元素 4，并进行输出。编译并运行程序，输出的结果如下：

```
[1, 3, 4, 5]
4
```

由于列表的元素是有序的，所以创建列表时要注意前后的顺序，列表[2，3，4]和列表

[2,4,3]属于不同的列表。

通过 for in 循环结构可以遍历列表。例如,通过 for in 语句依次处理列表中的各个元素,代码如下:

```
//code/chapter03/example3_17.kt
fun main() {
    val list = listOf(1,3,4,5)
    for (element in list) {
        println(element)
    }
}
```

编译并运行程序,输出的结果如下:

```
1
3
4
5
```

2. 集合

集合 Set 是无序集合,其中各个元素并没有先后顺序。除此之外,和列表的用法没有太大的区别。定义含有 1、3、4、5 的集合,并进行输出,代码如下:

```
val mySet = setOf(1,3,4,5)
print(mySet)
```

编译并运行程序,输出的结果如下:

```
[1, 3, 4, 5]
```

集合是无序的,无法通过索引获得其具体的元素。

3. 键-值对

键-值对 Map 可以将某个元素(键)作为索引,映射另外一个元素(值)。键-值对虽然是无序的,但是拥有索引,同样可以进行遍历和取值。例如创建存储 3 个字符串的键-值对,并输出该键-值对,以及其中索引为 2 的字符串,代码如下:

```
val map = mapOf(1 to "Point", 2 to "Polyline", 3 to "Polygon")
println(map)
println(map[2])
```

上述代码输出的结果如下:

```
{1=Point, 2=Polyline, 3=Polygon}
Polyline
```

3.4 面向对象编程

面向对象编程是一种编程思想，可以理解为将真实世界中的各种事物或概念抽象化而形成类（Class）。类可以将某种事物的特征融合在一起。对象（Object）是类的实例，是具体的。例如，在面向对象编程中可以将狗抽象为 Dog 类，然后实例化为各种不同的狗，如自家的狗、楼上的旺财等，如图 3-16 所示。

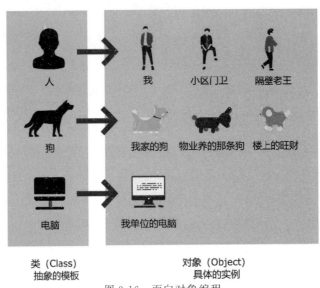

图 3-16 面向对象编程

Kotlin 具有完整的面向对象编程特性，本节介绍类、对象、接口等基本用法。

3.4.1 类和对象

类使用 class 关键字定义，其基本形式如下：

```
class 类名{
    //类的定义体
}
```

类由成员（成员变量、成员函数）及构造函数组成，其中，构造函数包括主构造函数和次构造函数。

（1）主构造函数：使用 init 关键字定义，后直接接语句块。主构造函数只能有一个，并且一定会在创建对象时调用。

（2）次构造函数：使用 constructor 关键字定义，后接参数列表和语句块。根据参数列表的不同，次构造函数支持重载，因此，次构造函数可以有多个。

例如，创建表示人的 Person 类，代码如下：

```
//code/chapter03/example3_18.kt
class Person {
    var name : String                    //姓名
    var age : Int                        //年龄
    //主构造函数
    init {
        println("Person init!")
    }
    //次构造函数
    constructor(name : String, age : Int) {
        this.name = name
        this.age = age
    }

    fun eat() {
        println(name + "吃饭!")
    }
    fun sleep() {
        println(name + "睡觉!")
    }
}

fun main(){
    val dongyu = Person("董昱", 30)
    dongyu.eat()
}
```

其中,name 和 age 为成员变量,eat 和 sleep 为成员函数。在主函数中,通过类名和参数创建 Person 类的对象。根据传入的参数的类型,匹配 Person 类的次构造函数创建对象,并将对象的索引赋值给 dongyu 变量。由于主构造函数一定会被调用,因此会在执行次构造函数的函数体之前调用主构造函数的函数体,输出"Person init!"字符串。

随后,即可通过 dongyu 变量对该对象进行操作。main 函数中调用了 dongyu 对象的 eat 成员函数,因此会输出"董昱吃饭"字符串。编译并运行程序,输出的结果如下:

```
Person init!
董昱吃饭!
```

3.4.2 继承

类之间可以拥有从属关系,并且这种从属关系通过继承的方式体现。被继承的类称为父类,继承所得的新类称为子类。

注意 Kotlin 不支持多继承。

1. 继承的实现

通过以下两个步骤即可实现类的继承。

(1) 父类使用 open 关键字修饰,其基本形式如下:

```
open class 类名{
//类的定义体
}
```

(2) 子类需要在类名后通过":"连接符指定需要继承的父类名称,基本结构如下:

```
class 类名 : 父类名() {
    //类的定义体
}
```

和 Java 等编程语言不同,继承时父类名后需要接小括号()。子类继承时,默认会继承父类的成员(可以通过成员可见修饰符控制)。例如,创建汽车类 Car,然后创建其子类 BMW,此时 BMW 类会默认继承来自 Car 的成员,代码如下:

```kotlin
//code/chapter03/example3_19.kt
//父类 Car
open class Car {
    //类型信息
    val type = "Car"
    //驾驶函数
    fun drive() {
        println("drive the car!")
    }
}

//子类 BMW
class BMW : Car() {
    //继承父类的成员
}

fun main() {
    var bmw = BMW()                         //子类 BMW 的对象 bmw
    bmw.drive()                             //调用父类的方法
    println("bmw 类型 : " +bmw.type)         //访问父类的变量
}
```

子类 BMW 并没有创建任何成员,但是已经继承了来自 Car 的 type 成员变量和 drive 函数。在 main 函数中,创建 BMW 对象 bmw,调用其成员函数 drive,并使用其成员变量 type。编译并运行程序,输出的结果如下:

```
drive the car!
bmw 类型 : Car
```

2. 重写

在很多情况下,子类的特性可能和父类的特征不同,相关成员函数也需要做出相应调整,此时就需要用到重写机制了。重写可以改变继承而来函数的实现,成员函数(或属性)的重写需要满足两个条件:

(1) 在父类中,成员函数(属性)需要被 open 关键字声明才能被子类重写。

(2) 在子类中,重写父类的成员函数(属性)需要使用 override 关键字声明。

例如,创建动物类 Animal,创建其子类猫 Cat 和狗 Dog,分别重写动物类 eat 函数,代码如下:

```kotlin
//code/chapter03/example3_20.kt
//动物 Animal 类
open class Animal {
    open fun eat() {
        println("动物吃东西!")
    }
}

//猫 Cat 类
class Cat : Animal() {
    override fun eat() {
        println("猫吃东西!")
    }
}

//狗 Dog 类
class Dog : Animal() {
    override fun eat() {
        println("狗吃东西!")
    }
}

fun main() {
    val animal = Animal()        //Animal 实例
    animal.eat()                 //调用 Animal 定义的 eat 函数
    val cat = Cat()              //Cat 实例
    cat.eat()                    //调用 Cat 重写的 eat 函数
    val dog = Dog()              //Cat 实例
    dog.eat()                    //调用 Dog 重写的 eat 函数
}
```

在 main 函数中,分别创建了动物类 Animal、猫类 Cat 和狗类 Dog 的实例 animal、cat 和 dog,并分别调用其 eat 函数。由于猫类 Cat 和狗类 Dog 复写了 Animal 类的 eat 函数,所以其函数实现并不相同。编译并运行程序,输出的结果如下:

```
动物吃东西!
猫吃东西!
狗吃东西!
```

重写是多态的重要实现方式,通过重写可以使不同的子类具有不同特征。例如,可以将子类的实例向上转型为父类类型的变量,此时这些实例仍然保持子类的特征。对于上述动物类 Animal、猫类 Cat 和狗类 Dog 来讲,可以将 Cat 类和 Dog 类的实例转型为 Animal 类型的变量,此时调用 Animal 的 eat 函数可以得到不同的结果,代码如下:

```
fun main() {
    var animal : Animal
    animal = Cat()          //Cat 实例
    animal.eat()
    animal = Dog()          //Dog 实例
    animal.eat()
}
```

上述代码输出的结果如下:

```
猫吃东西!
狗吃东西!
```

3. this 和 super 关键字

在类内部,可以通过 this 关键字指代当前对象,调用当前类的成员。通过 super 关键字指代父类,调用父类的成员。例如,创建 Animal 类及其子类 Cat,在 Cat 类中测试 this 关键字和 super 关键字的用法,代码如下:

```
//code/chapter03/example3_21.kt
//动物 Animal 类
open class Animal {
    open fun eat() {
        println("动物吃东西!")
    }
}

//猫 Cat 类
class Cat : Animal() {
    override fun eat() {
        println("猫吃东西!")
    }
    //测试 this 关键字和 super 关键字
    fun test() {
        this.eat()
        super.eat()
```

```
    }
}
fun main() {
    val cat =Cat() //Cat 实例
    cat.test()
}
```

在 Cat 类的 test 函数中，通过 this 关键字调用当前类的 eat 函数，通过 super 关键字调用其父类 Animal 的 eat 函数。编译并运行程序，输出的结果如下：

猫吃东西!
动物吃东西!

3.4.3 成员可见修饰符

通过成员可见修饰符可以控制成员的可见性，包括 public、internal、protected 和 private 共 4 种。可见修饰符在成员定义的最前面修饰。如果没有任何成员修饰符修饰，则默认为 public。这 4 个可见修饰符的含义如下。

- public：最高程度的可见性，类内部和外部均可见。
- internal：模块内部可见，类内部和外部均可见。
- protected：类内部可见，并且其子类也可见。
- private：类内部(不包括子类)可见，外部不可见。

模块是 Kotlin 的代码管理工具，由于在本书学习中不涉及跨模块编程，此时 internal 和 public 的修饰符的作用是类似的，所以不再详细介绍。下面只演示 public、protected 和 private 这 3 种可见修饰符。

定义动物类 Animal 及其子类 Dog，在类内部、子类和类外部测试 public、protected 和 private 修饰的成员的可见性，代码如下：

```
//code/chapter03/example3_22.kt
//父类:动物 Animal 类
open class Animal {
    //3 个不同可见修饰符修饰的变量
    public val a =1001
    protected val b =1002
    private val c =1003

    //3 个不同可见修饰符修饰的函数
    public fun test1() {
        println("test1")
    }
```

```kotlin
    protected fun test2() {
        println("test2")
    }

    private fun test3() {
        println("test3")
    }

    //类内部测试函数
    fun animalTest() {
        println("a : ${a}")
        println("b : ${b}")
        println("c : ${c}")
        test1()
        test2()
        test3()
    }
}

//子类:狗 Dog 类
class Dog : Animal() {

    //子类内部测试函数
    fun dogTest() {
        println("a : ${a}")
        println("b : ${b}")
        //println("c : ${c}")           //因为无法访问 c 变量,所以会报错
        test1()
        test2()
        //test3()                       //因为无法调用 test3(),所以会报错
    }
}

fun main() {
    val animal = Animal()
    //类外部访问测试
    println("a : ${animal.a}")
    //println("b : ${animal.b}")        //因为无法访问 b 变量,所以会报错
    //println("c : ${animal.c}")        //因为无法访问 c 变量,所以会报错
    animal.test1()
    //animal.test2()                    //因为无法调用 test2(),所以会报错
    //animal.test3()                    //因为无法调用 test3(),所以会报错

    //类内部访问测试
    animal.animalTest()
```

```
        //子类内部访问测试
        val dog = Dog()
        dog.dogTest()
}
```

Animal 类中的成员变量 a、b 和 c 分别由 public、protected 和 private 修饰。对于变量 a 来讲，在 Animal 类的成员函数中，在其子类 Dog 的成员函数中，以及在 main 函数中都可以访问。对于变量 b 来讲，不能在 main 函数中访问，但是可以在 Animal 类及其子类 Dog 的成员函数中访问。对于变量 c 来讲，只能在 Animal 类的成员函数中访问，不能在子类 Dog 的成员函数及 main 函数中访问。

Animal 类中的成员函数 test1、test2 和 test3 分别由 public、protected 和 private 修饰。这些函数的可见性与相应修饰符的成员变量类似，不再赘述。编译并运行程序，输出的结果如下：

```
a : 1001
test1
a : 1001
b : 1002
c : 1003
test1
test2
test3
a : 1001
b : 1002
test1
test2
```

用好可见修饰符可以提高代码的健壮性。对于类的内部实现细节，建议使用 private 和 protected 修饰，而需要外部使用的功能函数则建议使用 public 修饰。

3.4.4　接口

本节介绍接口和匿名内部类的用法。

1. 接口

接口使用 interface 关键字定义，其基本形式如下：

```
interface 接口名{
    //接口的定义体
}
```

例如，定义 Movable 接口及抽象函数 move，定义 Rabbit 类并实现 Movable 接口，代码如下：

```
//code/chapter03/example3_23.kt
interface Movable {
    fun move() : Unit
}

class Rabbit : Movable {
    override fun move() {
        println("rabbit move!")
    }
}

fun main() {
    val rabbit = Rabbit()
    rabbit.move()
}
```

在 Rabbit 类的类名后,通过冒号":"实现了 Movable 接口,并在其定义体中通过 override 关键字实现了 Movable 接口定义的 move 抽象函数。在 main 函数中,创建 Rabbit 对象 rabbit,并执行其成员函数 move,此时会输出"rabbit move!"字符串。编译并运行程序,输出的结果如下:

```
rabbit move!
```

接口用于功能的规范,也是实现多态的重要方法。

2. 匿名内部类

匿名内部类是指没有名称且处在另外一个类内部的类。在 Android 开发中会经常用到匿名内部类。许多监听器接口(如单击监听器 OnClickedListener 等)用于处理 UI 事件。下面,创建 OnTriggedListener 接口实现内部类。首先,定义 OnTriggedListener 监听器接口,代码如下:

```
//定义监听器接口
interface OnTriggedListener {
    fun onTrigge()          //回调
}
```

该接口中定义了回调函数 onTrigge。此时,即可通过以下代码实现匿名内部类:

```
OnTriggedListener {
    override fun onTrigge() {
        //业务逻辑
    }
}
```

匿名内部类可以通过很简单的代码实现类的创建。下面模拟一个 UI 视图 UIView,并通过 OnTriggedListener 实现 UIView 的回调，代码如下：

```kotlin
//code/chapter03/example3_24.kt
//定义监听器接口
interface OnTriggedListener {
    fun onTrigge()                    //回调
}

//UI 视图
class UIView {
    //监听器对象
    var listener : OnTriggedListener?=null
    //设置监听器对象
    fun setOnTriggedListener(lsner: OnTriggedListener) {
        listener =lsner
    }
    //触发监听器的 onTrigge 回调
    fun trigge() {
        listener?.onTrigge()
    }
}

fun main() {
    //创建视图对象
    var view =UIView()
    //设置监听器,创建匿名内部类,实现 OnTriggedListener 接口
    view.setOnTriggedListener(object : OnTriggedListener {
        //实现 onTrigge 回调
        override fun onTrigge() {
            println("回调成功!")
        }
    })
    //触发回调
    view.trigge()
}
```

在 main 函数中，创建匿名内部类并实例化，通过 UIView 对象的 setOnTriggedListener 函数赋值给成员变量 listener。此时，当 UIView 需要回调 onTrigge 函数时，即可执行在匿名内部类中实现的 onTrigge 函数。编译并运行程序，输出的结果如下：

回调成功!

3.4.5 单例模式

关键字 object 所定义的类型和 class 关键字定义的类类似，只不过在程序运行时只能有

一个实例,因此通过 object 关键字即可很轻易地实现单例模式。例如,创建单例 Singleton,并实现其 test 成员函数。此时,即可通过 Singleton 直接调用该函数,代码如下:

```
//code/chapter03/example3_25.kt
//单例模式
object Singleton {

    fun test() {
        println("from Singleton")
    }
}

fun main() {
    Singleton.test()
}
```

编译并运行程序,输出的结果如下:

```
from Singleton
```

在 Android 应用程序中,单例模式通常可以用于存储全局性的数据,或者提供通用性的工具。

3.5 空安全

空值(Null)表示值未知。在 Java 时代,空指针异常(Null Pointer Exception,NPE)是非常常见的。开发者很可能在编程时没有对各个对象考虑周全,从而在运行时产生空指针异常问题。Kotlin 希望能够避免此类问题,因此在 Kotlin 中在默认情况下无法为变量或常量赋值空值,能够杜绝空指针异常。

那么,如果业务逻辑需要空值参与,则应该怎么办呢?此时可以借助可空类型实现相应的功能。本节介绍可空类型的基本用法。

3.5.1 可空类型

在类型的末尾增加一个问号"?"即可使该类型成为一个可空类型,如 Int?、Boolean?、String? 等。

注意 常量和变量都可以使用可空类型。

例如,定义可空整型 value,代码如下:

```
//code/chapter03/example3_26.kt
fun main(){
    //定义可空整型 value 并初始化为 null(空)
```

```
    var value : Int?=null
    //输出value值
    println(value)
}
```

编译并运行程序,输出的结果如下:

```
null
```

为了避免空值风险,Kotlin无法直接访问可空类型的成员。在上面的例子中,如果直接调用value的toFloat()函数,就会产生编译错误,输出如下:

```
Only safe (?.) or non-null asserted (!!.) calls are allowed on a nullable receiver of type Int?
```

上述输出提示开发者可以使用安全调用操作符和非空断言操作符对函数调用进行处理。实际上,面对空值风险,通过以下两种方式可处理此类问题:
(1) 判断变量是否为空后再进行相应操作。
(2) 使用安全调用操作符(?.)Elvis操作符(?:)和非空断言操作符(!!)。

面对可空类型,最传统且最容易理解的应对空值的方式就是对变量(或常量)进行条件判断,当变量(或常量)为空或者非空时进行分别处理,代码如下:

```
//code/chapter03/example3_27.kt
fun main(){
    //定义可空整型value并初始化为null(空)
    var value : Int?=null
    //对value变量是否为空值进行条件判断
    if (value ==null) {
        println("value is null")      //当value为空值时的处理
    } else {
        println(value.toFloat())      //当value为非空值时的处理
    }
}
```

编译并运行程序,输出的结果如下:

```
value is null
```

但是这种操作方法还是有些复杂,从而开发者很容易因为疏忽而导致漏判。

3.5.2 可空类型的安全调用

通过使用安全调用操作符(?.)Elvis操作符(?:)和非空断言操作符(!!)可以安全访问可空类型变量,并且能够简化代码。

1. 安全调用操作符

通过安全调用操作符(?.)访问成员可以避免空值异常,安全调用表达式的基本形式如下:

```
变量?.成员
```

如果变量不为空,则正常访问成员;如果变量为空,则该表达式的值为 null。定义可空类型字符串 value,并访问该字符串的长度,代码如下:

```
//code/chapter03/example3_28.kt
fun main(){
    //当 value 为 null 时,安全访问表达式的值也为 null
    var value : String?=null
    println("字符串长度: " +value?.length)
    //当 value 不为 null 时,可以正常访问其成员
    value ="gis"
    println("字符串长度: " +value?.length)
}
```

value?.length 表达式的类型为 Int?。编译并运行程序,输出的结果如下:

```
字符串长度: null
字符串长度: 3
```

可见,安全调用操作符能够很好地处理空值问题,但是并不能避免空值的出现。

2. Elvis 操作符

Elvis 操作符(?:)可以用于处理可空类型变量,其基本形式如下:

```
表达式 1 ?: 表达式 2
```

其中,表达式 1 为可空类型,表达式 2 为非可空类型,并且两者在非空时必须保持同种类型。

Elvis 操作符通常和安全调用操作符连用,在处理可空类型的同时避免空值的出现,基本形式如下:

```
变量?.成员?:表达式
```

当左侧的安全调用表达式为非空时,返回该值;反之,则使用右侧表达式的值。例如,定义可空类型字符串 value,并访问该字符串的长度,并且当该字符串为空值时,返回长度为 0,代码如下:

```
//code/chapter03/example3_29.kt
fun main(){
    var value : String?=null
```

```
println("字符串长度：${value?.length ?: 0}")
    value = "gis"
println("字符串长度：${value?.length ?: 0}")
}
```

编译并运行程序，输出的结果如下：

```
字符串长度：0
字符串长度：3
```

3. 非空断言操作符

非空断言操作符(!!)非常简单粗暴，当出现空值时抛出异常，其基本形式如下：

```
变量!!
```

非空断言操作符通常和调用操作符(!!.)连用，形成!!.操作符。通过非空断言操作符操作可空类型字符串 value，代码如下：

```
//code/chapter03/example3_30.kt
fun main(){
    try {
        var value : String? = null
        println("字符串长度：" + value!!.length)         //抛出异常
    }catch(e : NullPointerException) {
        println(e)
    }
}
```

编译并运行程序，输出的结果如下：

```
java.lang.NullPointerException
```

不推荐开发者使用非空断言操作符，这会破坏 Kotlin 的空安全规则，但是如果开发者具有良好的 Java 基础，并且习惯异常处理的用法，则不失是一种选择。

3.6 本章小结

本章介绍了 Kotlin 的基础语法的核心内容，意在为后文的学习铺平道路。除了本章所介绍的内容以外，Kotlin 还拥有许多其他语言特性。读者可以在 Kotlin 官网中寻找更多的学习资源，也可以在日后的实践中逐渐领悟 Kotlin 的优良特性。

3.7 习题

（1）计算 100 以内所有的质数并保存在列表中，然后输出列表中的所有元素。

（2）简述几种集合类型之间的区别和联系。

（3）什么是类？什么是对象？分析静态成员和实例成员的关系。

（4）设计 Person 类并为其设计一些成员，然后设计 Police、Teacher 和 Worker 等子类，并继承 Person 类的成员。

第 4 章 Android 开发基础

移动 GIS 开发必然以移动开发为基础,先进入 Android 移动开发的世界。随着 Jetpack、ConstraintLayout 等众多优秀的组件库的加入,经过多年的打磨,Android 移动开发也越来越成熟,学习 Android 应用开发的门槛也越来越低。

本章的目标并不是完整地介绍 Android 开发的全貌,而是通过实现登录功能的案例,介绍包括 Activity 的基本用法、用户界面设计在内的核心开发知识。这些知识虽然简单,但是很重要。通过实操演练,相信一定能够给你带来应用开发的成就感。

本章核心知识点如下:
- Activity 及其生命周期
- Activity 的跳转
- 常用控件和布局
- 约束布局(ConstraintLayout)的基本用法

4.1 Activity 及其基本用法

Activity 承载用户界面,是用户交互的主体,因而绝大多数应用程序包含至少 1 个 Activity。创建应用工程时就需要开发者指定 Activity 模板(图 2-14),可见 Activity 的重要性。第 2 章中的 MapView 和 SceneView 工程使用了空的 Activity(EmptyActivity)模板,即 MainActivity。事实上,Activity 是 Android 四大基本组件之一,也是其中最为重要的组件。本节介绍 Activity 的主要代码、配置选项和生命周期等基本概念。

4.1.1 再谈 Activity

在第 2 章,已经在 Activity 实现了地图控件,但是并没有对其源代码进行深入剖析。本节再回到之前介绍的 MainActivity,详细介绍 Activity 的基本代码和配置方法。

1. Activity 的基本代码

新创建的空 Activity 很简单,代码如下:

```
class MainActivity : AppCompatActivity() {
    override fun onCreate(savedInstanceState: Bundle?) {
        super.onCreate(savedInstanceState)
        setContentView(R.layout.activity_main)
    }
}
```

有了 Kotlin 语言的基础,这段代码就很容易理解了。MainActivity 是一个类,并且继承于 AppCompatActivity 类。

注意 在 Android 开发框架中,Activity 类和 AppCompatActivity 类(实际上 AppCompatActivity 是 Activity 的子类)都可以用来实现 Activity,但是后者在主题、工具栏(ActionBar)等功能设计上具有更强的兼容性,因此,建议开发者优先使用(也是默认使用)AppCompatActivity。

MainActivity 重写了父类的 onCreate 函数。这个函数是 Activity 的生命周期函数,通常用于初始化 Activity 中所需要的数据和界面。关于 Activity 的生命周期可参考 4.1.2 节的相关内容。在 onCreate 函数中,通过 super.onCreate(savedInstanceState)语句调用了父类的 onCreate 函数,并执行相应的初始化操作,这对于生命周期函数来讲是必要的。

随后,通过 setContentView(R.layout.activity_main)语句加载 UI 布局 activity_main.xml。这个 activity_main 指代资源目录中的 activity_main.xml。在 Android 应用开发中,工程会自动在 R 类中为所有的资源生成固定常量,以方便在代码中引用。由于 activity_main 资源属于布局资源,所以可以使用 R.layout.activity_main 的方式进行引用。在后文中,还会遇到诸如 id 资源等各类资源的类似用法。

2. Activity 的注册和配置

任何 Activity 都需要在工程配置文件 AndroidManifest.xml 中进行注册和配置,否则无法正常使用。打开第 2 章中 MapView 或 SceneView 工程的 AndroidManifest.xml 文件,其 MainActivity 的相关配置(加粗标注)如下:

```
<?xml version="1.0" encoding="utf-8"?>
<manifest xmlns:android="http://schemas.android.com/apk/res/android"
    xmlns:tools="http://schemas.android.com/tools">

    <uses-permission android:name="android.permission.INTERNET" />

    <application
        android:allowBackup="true"
        ...
        tools:targetApi="31">
        <activity
            android:name=".MainActivity"
            android:exported="true">
```

```xml
        <intent-filter>
            <action android:name="android.intent.action.MAIN" />
            <category android:name="android.intent.category.LAUNCHER" />
        </intent-filter>

        <meta-data
            android:name="android.app.lib_name"
            android:value="" />
    </activity>
</application>

</manifest>
```

标签 manifest 的子标签 application 用于配置整个应用程序,而 application 下的子标签用于注册该应用程序的组件,其中 activity 标签用于注册 Activity。在 activity 标签中可以配置如下属性。

(1) name:Activity 的名称,可以采用全类名(包名+类名)的方式定义,也可以省略包名,用"."代替,如"edu.hebtu.mapview.MainActivity"或".MainActivity"。

(2) icon:Activity 的图标。

(3) label:Activity 的显示名称,默认会显示在标题栏中。

(4) screenOrientation:Activity 的屏幕方向,包括 unspecified(未指定,由系统决定)、landscape(横向显示)、portrait(纵向显示)等选项。

(5) launchMode:启动模式,包括 standard(标准模式)和 singleInstance(单例模式)等类型。

(6) configChanges:表示 Activity 所关注的系统配置集合。当指定的系统配置发生变化后,会对 Activity 重新配置,方便开发者进行处理。支持的系统配置包括语言区域配置(locate)、字体显示大小配置(fontScale)、屏幕方向配置(orientation)、显示密度配置(density)等。

另外,在该 activity 标签中还包括 intent-filter 子标签。该标签用于过滤来自系统或者其他应用的 Intent。上述这个 intent-filter 子标签配置意味着该 Activity 是程序的入口,也就是打开应用程序时首先显示的 Activity。

4.1.2 Activity 的生命周期

Activity 的生命周期是指 Activity 从创建到销毁的整个过程,包括被遮挡、进入后台、返回前台等各个过程。通过 Activity 的生命周期方法,可以在 Activity 的不断变化过程中,应对各种场景下的资源分配,从而提高应用程序的性能。

1. 什么是 Activity 生命周期

Activity 包括 4 种生命周期状态。

(1) 销毁状态(Killed):当 Activity 还没有被启动时,以及 Activity 被关闭后就会处于销毁状态。

（2）停止状态（Stopped）是指 Activity 完全不可见的状态。此时，可能被其他的 Activity 完全遮挡，或者应用程序已经进入后台，如用户按下 Home 键进入桌面或者正在熄屏。

（3）暂停状态（Paused）是指 Activity 已经启动，但是此时可能因为被对话框遮挡一部分界面等情况，而无法进行用户交互。

（4）运行状态（Running）是指在 Activity 处于界面的最前台，正在与用户进行交互。

正常情况下，一个 Activity 的生命周期是从销毁状态到运行状态，再从运行状态到销毁状态的过程，Activity 的整个生命周期状态及状态切换时所调用的生命周期方法如图 4-1 所示。

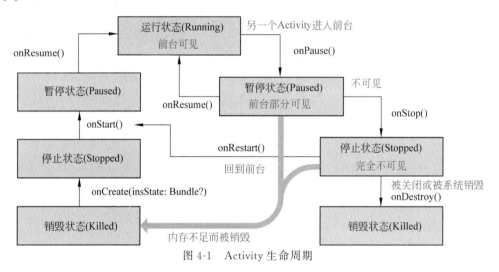

图 4-1　Activity 生命周期

当生命周期状态被切换时，系统会回调到生命周期方法中以便处理一些必要的事务。准确地应用生命周期方法进行界面和业务逻辑的控制有助于提高应用程序的设计感、稳健性和流畅性。Activity 的生命周期方法如下。

（1）onCreate(insState：Bundle?)：当 Activity 从销毁状态进入停止状态时，即启动 Activity 时触发，在整个生命周期中仅能被触发 1 次，用于初始化整个 Activity，如实现连接服务器、加载数据等操作。

（2）onStart()：当 Activity 从停止状态进入暂停状态时触发，在该函数下可以用于初始化 UI 界面。

（3）onResume()：当 Activity 从暂停状态进入运行状态时触发，在该函数下可以用于实现音乐、视频、动画的播放等功能。

（4）onPause()：当 Activity 从运行状态进入暂停状态时触发，在该函数下可以用于实现音乐、视频、动画的暂停等功能，以便节省系统资源。

（5）onStop()：当 Activity 从暂停状态进入停止状态时触发，在该函数下可以用于执行

(6) onDestroy()：当 Activity 从停止状态进入销毁状态时触发，在整个生命周期中仅能被触发 1 次，可以实现断开数据库和网络连接等功能。

(7) onRestart()：当 Activity 从停止状态重新回到前台进入暂停状态时触发，并且 onRestart 函数调用后还会调用 onStart 函数，因此两者实现的业务逻辑不可重复。

2. 体验 Activity 的生命周期

创建空 Activity 模板的 Android 工程 ActivityLifecycle。在 MainActivity 中创建所有生命周期函数，代码如下：

```kotlin
class MainActivity : AppCompatActivity() {
    //销毁状态 ->停止状态
    override fun onCreate(savedInstanceState: Bundle?) {
        super.onCreate(savedInstanceState)
        setContentView(R.layout.activity_main)
        Log.d("Activity Lifecycle", "onCreate")
    }
    //停止状态 ->暂停状态
    override fun onStart() {
        super.onStart()
      Log.d("Activity Lifecycle", "onStart")
    }
    //暂停状态 ->运行状态
    override fun onResume() {
        super.onResume()
        Log.d("Activity Lifecycle", "onResume")
    }
    //运行状态 ->暂停状态
    override fun onPause() {
        Log.d("Activity Lifecycle", "onPause")
        super.onPause()
    }
    //暂停状态 ->停止状态
    override fun onStop() {
        Log.d("Activity Lifecycle", "onStop")
        super.onStop()
    }
    //停止状态 ->销毁状态
    override fun onDestroy() {
        Log.d("Activity Lifecycle", "onDestroy")
        super.onDestroy()
    }
    //停止状态 ->暂停状态
    override fun onRestart() {
```

```
        super.onRestart()
        Log.d("Activity Lifecycle", "onRestart")
    }
}
```

对于父类 AppCompatActivity 来讲，也需要在其生命周期切换中对 Activity 的资源进行管理，因此每个生命周期方法都需要通过 super 关键字调用相应的父类生命周期函数。通常，在 onCreate、onStart、onResume、onRestart 函数中，先行调用父类生命周期函数再实现业务逻辑，而在 onPause、onStop 和 onDestroy 函数中，先实现业务逻辑再调用父类的生命周期函数。

在上述代码的每个生命周期函数中都使用了日志类 Log 输出字符串，以便提示开发者目前执行了哪些函数。日志类 Log 提供了 5 种不同级别的日志输出函数，包括错误级（ERROR）、警告级（WARNING）、提示级（INFO）、调试级（Debug）和详尽级（VERBOSE），如表 4-1 所示。

表 4-1　Log 的日志输出函数

级　　别	输出函数	说　　明
错误级（ERROR）	Log.e	错误信息，字体颜色为红色
警告级（WARNING）	Log.w	较为重要的警告信息，字体颜色为黄色
提示级（INFO）	Log.i	一般提示性信息，字体颜色为绿色
调试级（Debug）	Log.d	调试用信息，字体颜色为蓝色
详尽级（VERBOSE）	Log.v	详尽信息输出，字体颜色为黑色

日志输出函数都包含两个字符串参数，分别为标签和消息，前者用于说明日志的用途，后者用于说明日志的具体情况。

本节输出日志为了调试和学习，因此在上述代码中均使用 Log.d 输出生命周期调用信息，其中标签均为 Activity Lifecycle，消息为具体的生命周期函数名称。打开 Android Studio 的 Logcat 窗体，可以在如图 4-2 所示的搜索文本框中，通过关键字筛选日志信息，也可以在其左侧的下拉选项中选择筛选日志输出类型。

图 4-2　Logcat 窗体

编译并运行上述程序，即可查看有相关生命周期函数的输出信息。启动 Activity 时会从销毁状态依次进入停止状态、暂停状态、运行状态，因此 onCreate、onStart 和 onResume 函数会被依次调用，相应的日志也会输出到 Logcat 窗体中，如图 4-2 所示。

注意 在 Logcat 窗体中右击，选择 Clear logcat 菜单即可清空所有日志信息，以便观察后续的日志输出。

返回桌面，使当前 MainActivity 进入后台（不要停止应用程序），此时 MainActivity 从运行状态切换到暂停状态，然后切换到停止状态，因此 onPause 和 onStop 函数会被依次调用，输出的信息类似如下：

```
2023-03-29 …/edu.hebtu.activitylifecycle D/Activity Lifecycle: onPause
2023-03-29 …/edu.hebtu.activitylifecycle D/Activity Lifecycle: onStop
```

再次进入 ActivityLifecycle 应用程序，回到前台，此时会从停止状态切换到暂停状态，然后切换到运行状态，因此 onRestart、onStart 和 onResume 函数会被依次调用，输出的信息类似如下：

```
2023-03-29 …/edu.hebtu.activitylifecycle D/Activity Lifecycle: onRestart
2023-03-29 …/edu.hebtu.activitylifecycle D/Activity Lifecycle: onStart
2023-03-29 …/edu.hebtu.activitylifecycle D/Activity Lifecycle: onResume
```

通过系统后台或者按下返回键关闭应用程序，MainActivity 会从运行状态依次切换到暂停状态、停止状态和销毁状态，Logcat 窗体中会依次输出 onPause、onStop 和 onDestroy 信息：

```
2023-03-29 …/edu.hebtu.activitylifecycle D/Activity Lifecycle: onPause
2023-03-29 …/edu.hebtu.activitylifecycle D/Activity Lifecycle: onStop
2023-03-29 …/edu.hebtu.activitylifecycle D/Activity Lifecycle: onDestroy
```

可以发现，除了 onRestart 函数以外，其他的生命周期函数都是成对出现的。当业务逻辑中存在打开和关闭、创建和销毁、显示和隐藏等成对出现的业务逻辑时，开发者可以在合适的生命周期函数中"成对"设计。例如，在 onCreate 函数中打开了某个数据库，那么就不要忘了在 onDestroy 函数中关闭数据库，以提高应用程序的健壮性和性能。

4.2 常用布局和视图

Activity 的一项重要功能就是承载用户界面（User Interface, UI），也是初学 Android 应用开发的基本功。因为，设计界面不仅是 Android 应用开发的重要任务，初学者也能够短时间了解 Android 用户界面的特点，提高学习的成就感和积极性。

用户界面设计看似简单，但是好的用户界面很需要复杂的人因研究。对于企业级大型应用程序,还需要专业的 UI 设计师参与。本节仅介绍 3 种最简单常用的布局:线性布局、相对布局和约束布局,以及文本视图、图像视图和按钮控件。

4.2.1 线性布局和文本视图

用户界面设计就是针对用户的某一需求,为了实现特定功能,选择和排布视图,从而得到和谐、美观且实用的界面。其中,视图是界面中的"零件",包括文字视图(TextView)、图像视图(ImageView)、按钮(Button)、文本框(EditText)等。在 Android 中,这些"零件"都由视图类(View)继承而来。用于排布视图的工具称为布局(Layout),常见的布局包括线性布局(LinearLayout)、相对布局(RelativeLayout)、表格布局(TableLayout)和约束布局(ConstraintLayout)等。视图和布局是一个用户界面的必备要素,前者是血肉,后者是骨架。

(1)视图(View):是指具有某一特定显示信息或具有交互功能的可视化物件。所有的视图都继承于基类 View,其中,具有交互功能的视图(如按钮、文本框等)也称为控件(Control)。

(2)布局(Layout):是指用于排布视图的工具。所有的布局继承于基类视图组 ViewGroup,而视图组继承于视图类 View,因此,无论是视图还是布局都有其共同的父类 View。

本节首先介绍视图层级结构的基本概念,然后介绍线性布局和文本视图的基本用法。

1. 视图层级结构

布局之间可以相互嵌套,即一个布局之中还可以包含另外一个布局。布局之间的嵌套关系形成了层级关系,并且处于最为顶层的布局称为根布局,但是,视图不能嵌套,并且必须放入布局中才能显示在用户界面中,不能单独显示。在每个 Activity 中都采用这种层级方式对视图进行布局,这种结构也称为视图层级结构(View Hierarchy),如图 4-3 所示。

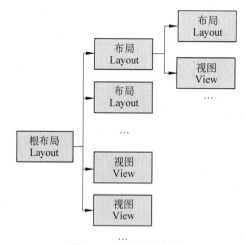

图 4-3 视图层级结构

XML 文件可以很方便地表述层级结构,因此 Android 使用 XML 文件表述用户界面。

2. 线性布局

创建空 Activity 模板的 Android 工程,并将工程名命名为 LinearLayout。打开 MainActivity 的布局文件 activity_main.xml,代码如下:

```
<?xml version="1.0" encoding="utf-8"?>
<androidx.constraintlayout.widget.ConstraintLayout xmlns:android="http://schemas.android.com/apk/res/android"
    xmlns:app="http://schemas.android.com/apk/res-auto"
    xmlns:tools="http://schemas.android.com/tools"
    android:layout_width="match_parent"
    android:layout_height="match_parent"
    tools:context=".MainActivity">

<TextView
        android:layout_width="wrap_content"
        android:layout_height="wrap_content"
        android:text="Hello World!"
        app:layout_constraintBottom_toBottomOf="parent"
        app:layout_constraintEnd_toEndOf="parent"
        app:layout_constraintStart_toStartOf="parent"
        app:layout_constraintTop_toTopOf="parent" />

</androidx.constraintlayout.widget.ConstraintLayout>
```

这段代码读者在 2.2.2 节已经见过了。在默认情况下,创建空的 Activity 包含了一个 ConstraintLayout 布局和一个 TextView 视图,并且 TextView 视图为 ConstraintLayout 布局的子节点。关于约束布局 ConstraintLayout 将在 4.2.3 节中详细介绍,此处对上述代码进行修改,实现线性布局 LinearLayout。

线性布局就是按照水平或者垂直方向排列视图(或布局),如图 4-4 所示。

android: orientation="vertical"
垂直方向排列视图

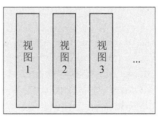
android: orientation="horizontal"
水平方向排列视图

图 4-4 线性布局

修改 activity_main.xml 文件,代码如下:

```xml
<?xml version="1.0" encoding="utf-8"?>
<LinearLayout
    xmlns:android="http://schemas.android.com/apk/res/android"
    android:layout_width="match_parent"
    android:layout_height="match_parent"
    android:orientation="vertical">

</LinearLayout>
```

上述 LinearLayout 节点包含了以下 4 个属性。

(1) xmlns:android：声明 XML 文件的 android 命名空间，其内容是固定的。对于根布局来讲，必须包含该 android 命名空间。

(2) android:layout_width：宽度，对于根布局来讲固定设定为 match_parent。

(3) android:layout_height：高度，对于根布局来讲固定设定为 match_parent。

(4) android:orientation：线性布局的方向，可以沿着垂直方向布局视图(Vertical)，也可以沿着水平方向布局视图(Horizontal)。这里选择使用垂直方向布局视图。

3. 文本视图

文本视图通过 TextView 节点定义，基本结构如下：

```xml
<TextView
    android:layout_width="wrap_content"
    android:layout_height="wrap_content"
    android:text="文本内容" />
```

在该线性布局之中增加 3 个文本视图，代码如下：

```xml
<?xml version="1.0" encoding="utf-8"?>
<LinearLayout
    xmlns:android="http://schemas.android.com/apk/res/android"
    android:layout_width="match_parent"
    android:layout_height="match_parent"
    android:orientation="vertical">
    <!--绿色文本视图 -->
    <TextView
        android:layout_width="match_parent"
        android:layout_height="wrap_content"
        android:background="#00FF00"
        android:text="TextView1" />
    <!--蓝色文本视图 -->
    <TextView
        android:layout_width="match_parent"
        android:layout_height="wrap_content"
        android:background="#0000FF"
        android:text="TextView2" />
```

```xml
<!--红色文本视图 -->
<TextView
    android:layout_width="match_parent"
    android:layout_height="wrap_content"
    android:background="#FF0000"
    android:text="TextView3" />
</LinearLayout>
```

上述 3 个文本显示的内容分别为 TextView1、TextView2 和 TextView3,并且均包含了如下属性。

(1) android:layout_width:宽度,设置为 match_parent,表示父布局或窗口对象决定视图的大小(图 4-5)。一般情况下,视图会填充整个父布局或整个窗口的大小。在这里,文本视图会填充整个屏幕的宽度。

(2) android:layout_height:高度,设置为 wrap_content,表示由视图的内容决定视图的大小(图 4-5)。在上述文本视图中,文本字体的高度决定了文本视图的高度。

(3) android:background:背景颜色,这里通过十六进制颜色码设置视图的背景颜色,其中♯FF0000 表示红色,♯00FF00 表示绿色,♯0000FF 表示蓝色。对于所有的视图都可以使用该属性设置背景颜色。

(4) android:text:设置文本内容。

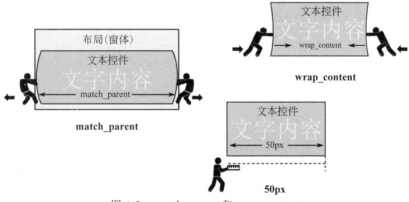

图 4-5   match_parent 和 wrap_content

对于视图(或布局)的宽度和高度来讲,除了可以通过 match_parent 和 wrap_content 进行设置以外,还可以使用具体的像素值进行设置,常用的单位包括 px 和 dp 单位。

(1) 数值+px:通过像素值(pixels,px)设置视图的高度或者宽度。

(2) 数值+dp:通过设备独立像素值(Device Independent Pixels,dp)设置视图的高度或者宽度。

什么是像素值和设备独立像素值呢?这就不得不提像素密度了。像素密度(Pixels Per Inch,PPI)是指屏幕上每英寸距离上的像素数量。Android 设备屏幕的屏幕密度(PPI)差异巨大，从早期 Android 手机的 160PPI 左右不断进步到如今主流的 400PPI 左右。屏幕密度扩大超过一倍，通过像素值(px)设置的视图大小也扩大了一倍，因此，使用像素值(px)设置的视图尺寸在不同设备上的大小差异很大。独立像素值是为了解决屏幕密度不同而导致显示效果不同的问题。在 160PPI 下，定义设备 1dp 独立像素值和 1px 像素值相同。在不同屏幕上，独立像素值和像素值的换算关系如下：

像素值(px) = 独立像素值(dp) * 屏幕密度(PPI) /160

此时，使用独立像素值设置的视图在任何设备上的显示大小是相同的。

编译并运行程序，LinearLayout 工程应用的显示效果如图 4-6 所示。

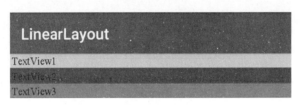

图 4-6　线性布局的显示效果

对于任意的文本组件，还可以通过以下属性设置字体的颜色和大小。

（1）android:textColor：字体颜色。

（2）android:textSize：字体大小，可以使用独立比例像素单位（Scale-independent Pixels，sp）。

sp 单位和 dp 单位是类似的，默认在 160PPI 下，定义设备 1sp 独立像素值和 1px 像素值相同，但是，sp 单位的文字可以根据用户设置的字体比例而进行缩放，但 dp 单位则是固定的。

设置字体颜色和大小，代码如下：

```xml
<?xml version="1.0" encoding="utf-8"?>
<LinearLayout
    xmlns:android="http://schemas.android.com/apk/res/android"
    android:layout_width="match_parent"
    android:layout_height="match_parent"
    android:orientation="vertical">
    <!--绿色文本视图-->
    <TextView
        android:layout_width="match_parent"
        android:layout_height="wrap_content"
        android:background="#00FF00"
        android:textColor="#FFFFFF"
        android:textSize="12sp"
        android:text="TextView1" />
    <!--蓝色文本视图-->
```

此时，该 MainActivity 的显示效果如图 4-7 所示。

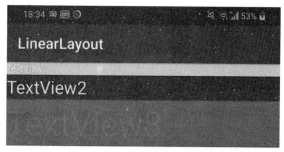

图 4-7　改变字体颜色和大小

4．可视化设计布局

打开 activity_main.xml 布局文件后，在其窗口的右上角可以切换布局编辑模式选项卡。

（1）Code 模式：通过编辑 XML 文件的方式设计界面。

（2）Design 模式：通过可视化的方式设计界面。

（3）Split 模式：同时使用代码模式和设计模式，以并排方式显示在窗口左右两侧。

在 Design 模式下，界面中间显示了当前布局的预览效果和蓝图，左右两侧默认显示组件、组件树和属性等面板，如图 4-8 所示。

在组件面板（Palette）中，包含了常用的视图和控件。开发者可以通过拖曳的方式在布局中增加视图。

在组件树面板（Component Tree）中，显示了当前布局的视图层级结构，方便查找和定位视图。

在属性面板（Attributes）中，可以查看当前选中的视图（或布局）属性。开发者可以在此

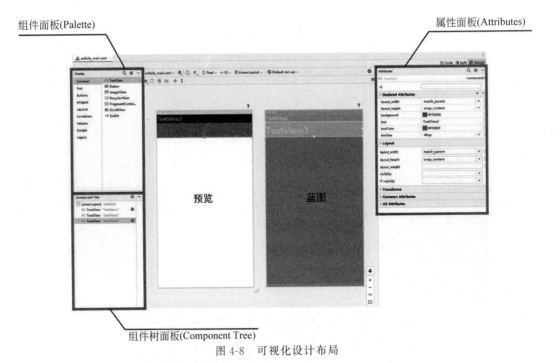

图 4-8 可视化设计布局

设置视图的 id 属性（必须使用全局唯一的字符串进行标识，后文会详细介绍 id 属性的用途），也可以设置 layout_width、layout_height 等常用属性。另外，通过单击 Declared Attributes 下拉列表右侧的加号或者减号，可以增加或者删除属性。

4.2.2 相对布局和图像视图

相对布局比线性布局更加灵活，本节介绍相对布局和图像视图的基本用法。

1. 相对布局

相对布局通过相对父布局或者同级视图的相对位置来定位视图。相对布局采用 RelativeLayout 标签定义，创建空 Activity 模板的 Android 工程，将工程名命名为 RelativeLayout。修改布局文件 activity_main.xml，代码如下：

```
<?xml version="1.0" encoding="utf-8"?>
<RelativeLayout
    xmlns:android="http://schemas.android.com/apk/res/android"
    android:layout_width="match_parent"
    android:layout_height="match_parent"
    android:orientation="vertical">

</RelativeLayout>
```

此时，该用户界面的根布局就是一个相对布局了。视图可以通过和同级视图的相对位置关系确定,也可以通过相对父布局的位置关系确定。用于定义同级视图的相对位置关系的相关属性如表4-2所示。

表4-2 相对于同级视图的位置关系

布局位置属性	描述
android:layout_above	布局在同级视图的上侧
android:layout_below	布局在同级视图的下侧
android:layout_toLeftOf	布局在同级视图的左侧
android:layout_toRightOf	布局在同级视图的右侧
android:layout_alignLeft	与同级视图的左侧平齐
android:layout_alignRight	与同级视图的右侧平齐
android:layout_alignTop	与同级视图的上侧平齐
android:layout_alignBottom	与同级视图的下侧平齐

用于定义相对于父布局的位置关系的属性如表4-3所示。

表4-3 相对于父布局的位置关系

布局位置属性	描述
android:layout_alignParentLeft	布局在父布局的左侧
android:layout_alignParentRight	布局在父布局的右侧
android:layout_alignParentTop	布局在父布局的上侧
android:layout_alignParentBottom	布局在父布局的下侧
android:layout_centerHorizontal	在父布局的水平方向居中
android:layout_centerVertical	在父布局的垂直方向居中
android:layout_centerInParent	布局在父布局的中心

注意 凡是涉及左右关系(Left/Right)的属性都可以使用前后关系(Start/End)来替换。例如,可以使用 android:layout_toEndOf 替换 android:layout_toRightOf,可以使用 android:layout_alignParentStart 替换 android:layout_alignParentLeft。前后关系的好处在于可以根据语言阅读方向的不同进行适配。如在中文、英文环境下,阅读顺序从左向右,前和后分别对应左和右,而对于阿拉伯语环境下,阅读顺序从右向左,前和后分别对应右和左。

下面通过一个简单的例子介绍如何进行相对布局。在屏幕中心布局5个文本视图,分别显示"中心""朱雀""玄武""青龙""白虎"文本,其位置关系如图4-9所示。

为了完成以上布局,可以通过android:layout_centerInParent属性将文本为"中心"的

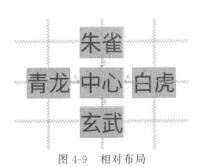

图 4-9 相对布局

视图布局在整个屏幕（父布局）中央，其他的文本视图都可以以这个视图为基准，通过 android:layout_above、android:layout_below 等属性将视图布局在上、下、左、右这 4 个方向，代码如下：

```xml
<?xml version="1.0" encoding="utf-8"?>
<RelativeLayout
    xmlns:android="http://schemas.android.com/apk/res/android"
    android:layout_width="match_parent"
    android:layout_height="match_parent"
    android:orientation="vertical">
    <TextView
        android:id="@+id/tv_center"
        android:layout_width="wrap_content"
        android:layout_height="wrap_content"
        android:layout_centerInParent="true"
        android:background="#CDCDCD"
        android:layout_margin="6dp"
        android:text="中心" />
    <TextView
        android:id="@+id/tv_zhuque"
        android:layout_width="wrap_content"
        android:layout_height="wrap_content"
        android:layout_above="@id/tv_center"
        android:layout_centerHorizontal="true"
        android:background="#CDCDCD"
        android:text="朱雀" />
    <TextView
        android:id="@+id/tv_xuanwu"
        android:layout_width="wrap_content"
        android:layout_height="wrap_content"
        android:layout_below="@id/tv_center"
        android:layout_centerHorizontal="true"
        android:background="#CDCDCD"
        android:text="玄武" />
```

```xml
<TextView
    android:id="@+id/tv_qinglong"
    android:layout_width="wrap_content"
    android:layout_height="wrap_content"
    android:layout_toLeftOf="@id/tv_center"
    android:layout_centerVertical="true"
    android:background="#CDCDCD"
    android:text="青龙" />
<TextView
    android:id="@+id/tv_baihu"
    android:layout_width="wrap_content"
    android:layout_height="wrap_content"
    android:layout_toRightOf="@id/tv_center"
    android:layout_centerVertical="true"
    android:background="#CDCDCD"
    android:text="白虎" />
</RelativeLayout>
```

可以发现，这些视图都包含了 android:id 属性。该属性用于定义视图的 id。定义同级视图的位置关系也是通过 id 属性来确定视图的。

注意 id 属性必须为唯一的字符串，以便能够和具体的视图一一对应。

定义视图的 id 属性时，以 @+id/ 开头进行定义，表示新建 id 资源；使用视图的 id 属性时则以 @id/ 开头，并没有加号。实际上，这是一种资源描述符，以 @id/ 开头的资源表示 id 资源。除此之外，还包括以 @color/ 开头的颜色资源，以 @string/ 开头的字符串资源，以 @drawable/ 开头的可绘制资源，以 @mipmap/ 开头的图像资源等。

在 Java 代码中，通过 id 资源还可以获取具体的视图对象（通过 R 类中的常量表示，以 R.id 开头），以便进行属性配置和事件处理。

另外，为了能够排列出美观协调的用户界面，对文本为"中心"的视图设置了外边距（Margin）属性，这样可以使周围的这 4 个文本视图与其保持一定的距离。

2．内边距和外边距

视图之间通常会保持一定的距离，这个距离一般通过外边距进行设置，而在视图内部，通常包含内容和背景图形两部分，例如文本视图往往会包括文字（内容）和背景（背景图形）。组件内容和组件的背景图形之间可以设置一条边距，称为内边距（padding）。4 个方位的内边距和外边距组成了盒子模型，如图 4-10 所示。

外边距定义了视图与视图之间的关系，内边距定义了视图内容和视图背景之间的关系。例如，当对某个视图设置背景颜色时，可以在内边距的范围内显示该背景颜色，而在外边距的范围内则不显示背景颜色。

外边距和内边距包含了 4 个方向：上侧（top）、下侧（bottom）、左侧（left）和右侧（right）。除此之外，为了适配不同阅读顺序的语言，还包括了起始侧（start）和结束侧

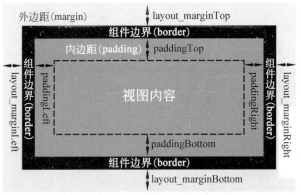

图 4-10 视图的内边距和外边距

(end)。在 XML 布局中,用于设置边距的视图属性如表 4-4 所示。

表 4-4 用于设置边距的视图属性

视图属性	描述	视图属性	描述
padding	全方向内边距	layout_margin	全方向外边距
paddingTop	上内边距	layout_marginTop	上外边距
paddingBottom	下内边距	layout_marginBottom	下外边距
paddingLeft	左内边距	layout_marginLeft	左外边距
paddingRight	右内边距	layout_marginRight	右外边距
paddingStart	前内边距	layout_marginStart	前外边距
paddingEnd	后内边距	layout_marginEnd	后外边距
paddingHorizontal	水平方向(左右)内边距	layout_marginHorizontal	水平方向(左右)外边距
paddingVertical	垂直方向(上下)内边距	layout_marginVertical	垂直方向(上下)外边距

3. 图像视图

图像视图通过 ImageView 节点定义,基本结构如下:

```
<ImageView
    android:layout_width="wrap_content"
    android:layout_height="wrap_content"
    android:src="@mipmap/ic_launcher" />
```

这里的 android:src 属性用于设置图像资源,@mipmap/ic_launcher 则表示该应用程序的默认图标图像,如图 4-11 所示。

在 Android Studio 工程窗体中,可以在 res 目录下找到所有的资源文件,包括 mipmap 目录下的 ic_launcher 资源,如图 4-12 所示。

图 4-11　默认应用程序图标

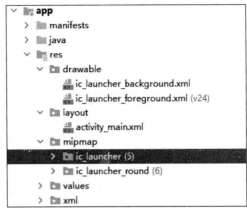

图 4-12　mipmap 资源

目录 drawable 中除了可以放置 png、jpg、webp 等格式的图像以外，还可以存放由 XML 定义的向量图形。目录 mipmap 只能存放图像数据，并且可以针对不同 dpi 的屏幕进行适配，能够提高渲染速度和质量。

注意　开发者可以通过拖曳的方式将该应用程序所需要的图像资源移动到 drawable 目录或者 mipmap 目录下。

下面将 5 种不同动物的图像文件复制到 drawable 目录下，并通过相对布局和图像视图的方式在屏幕上排布这几个动物图像的位置，代码如下：

```xml
<RelativeLayout
    xmlns:android="http://schemas.android.com/apk/res/android"
    android:layout_width="match_parent"
    android:layout_height="match_parent"
    android:orientation="vertical">
<ImageView
    android:id="@+id/tv_center"
    android:layout_width="wrap_content"
    android:layout_height="wrap_content"
    android:layout_centerInParent="true"
    android:layout_margin="6dp"
    android:src="@drawable/ic_animal_dolphin" />
<ImageView
    android:layout_width="wrap_content"
    android:layout_height="wrap_content"
    android:layout_above="@id/tv_center"
    android:layout_centerHorizontal="true"
    android:src="@drawable/ic_animal_duck" />
```

```xml
<ImageView
    android:layout_width="wrap_content"
    android:layout_height="wrap_content"
    android:layout_below="@id/tv_center"
    android:layout_centerHorizontal="true"
    android:src="@drawable/ic_animal_fox" />
<ImageView
    android:layout_width="wrap_content"
    android:layout_height="wrap_content"
    android:layout_toLeftOf="@id/tv_center"
    android:layout_centerVertical="true"
    android:src="@drawable/ic_animal_giraffe"/>
<ImageView
    android:layout_width="wrap_content"
    android:layout_height="wrap_content"
    android:layout_toRightOf="@id/tv_center"
    android:layout_centerVertical="true"
    android:src="@drawable/ic_animal_wolf" />
</RelativeLayout>
```

上述代码的显示效果如图 4-13 所示。

图 4-13　通过相对布局排布图像视图

本节介绍了线性布局和相对布局。实际上，通过这两种布局方式已经基本可以设计所有类型的用户界面了。

4.2.3　约束布局和按钮控件

约束布局（ConstraintLayout），顾名思义，就是通过视图之间的约束（Constraint）来布局视图的。这里的约束可以理解为橡皮筋，用于视图与视图、视图与布局之间的拉扯关系。在 Design 布局编辑模式下，开发者可以很方便、很直观地创建和配置约束，因此相对于线性布局和相对布局，约束布局更加简单易用。

创建空 Activity 模板的 Android 工程，将工程名命名为 ConstraintLayout。打开布局文件 activity_main.xml，并在 Design 布局编辑模式下查看当前界面，如图 4-14 所示。

第4章 Android开发基础 113

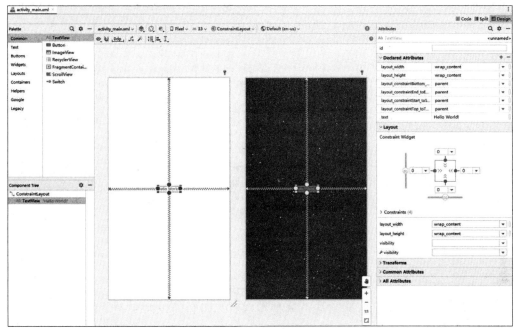

图 4-14 约束布局

对比约束布局和之前介绍的线性布局，Design 布局编辑模式界面主要有两点不同：

（1）在预览界面上方配置了约束布局工具条，提供了配置约束的常用工具。

（2）选中任意视图（如文本视图），属性面板中的 Layout 选项卡通过直观的方式显示了约束信息。

1. 删除和增加约束

在上述界面中，文本视图存在 4 个约束，就像 4 条"橡皮筋"一样被"拉扯"到父布局的边界上，从而使该文本视图处于整个界面的中心位置。选中并删除其中的任何一个约束（选中后按下 Delete 建），"橡皮筋"断开，文本视图就会反方向倒向另外一侧，最终靠向父布局，如图 4-15 所示。

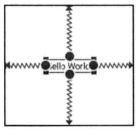

上下左右4个约束
使文本视图处于中间位置

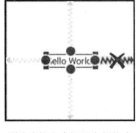

删除连接文本视图右侧约束

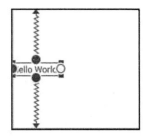

失去右侧约束后
被左侧约束拉至父布局左侧

图 4-15 删除约束

增加约束也非常简单,选中并拖动视图对应位置的空心圆点拉至需要约束到某个视图或者布局的边界上,即可创建约束,如图 4-16 所示。

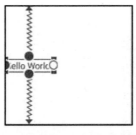
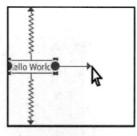
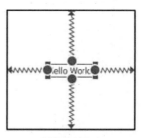

文本视图没有右侧约束　　　按下右侧空心圆点　　　创建右侧约束后
被左侧约束拉至父布局左侧　拖曳到布局的右侧边界　文本视图被拉至父布局中心

图 4-16　增加约束

注意　选中的视图或布局会在其四周显示 4 个圆点,称为约束柄,用于开发者手动设置约束。蓝色实心圆点●表示存在约束,而蓝色空心圆点○表示不存在约束。

可以发现,增加约束的过程实际上就是在声明视图和同级视图或父布局之间的关系。从这个意义上看,约束布局和相对布局非常类似。实际上,约束布局可以理解为相对布局的升级版本。自从发布 Android 以来,官方就不再建议使用相对布局,而是使用约束布局完成较为复杂的界面布局。

2. 约束面板

选中任意的组件后,即可在属性面板的布局(Layout)选项卡中查看其约束面板,如图 4-17 所示。

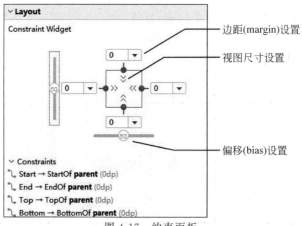

图 4-17　约束面板

在该约束面板中可以设置 3 个主要选项。

(1) 边距(margin):通过 4 个方向的边距选项可以设置视图在某个方向上的固定长度

的空隙。

（2）偏移（bias）：通过两个方向上的偏移选项可以设置视图在水平或者垂直方向的偏移比例，类似于调整两侧"橡皮筋"的弹性，使其按比例偏向某个方向。

（3）视图尺寸设置：视图尺寸即视图的高度和宽度设置，可以设置为固定尺寸（通过 px 或 dp 等单位设置）、适应内容（wrap_content）或者动态适应（0dp）。动态适应的效果类似于 match_parent，倾向于填满空隙。不同尺寸的设置采用不同的图形表示，如图 4-18 所示。

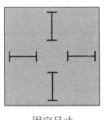
固定尺寸

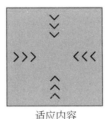
适应内容
（wrap_content）

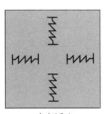
动态适应
（0dp）

图 4-18 尺寸设置

3. 约束布局工具条

预览界面上方的约束布局工具条提供了约束布局的更多选项，如图 4-19 所示。

这些工具的主要功能如下：

- ⊙ 显示选项：在其下拉菜单中可以选择查看所有约束（Show All Constraints）、查看所有外边距（Show Margins）、隐藏未选择的视图（Fade Unselected Views）、实时渲染选项（Live Rendering）等。

图 4-19 约束布局工具条

- 自动连接到父布局（Enable Autoconnection to Parent）：使能后，当拖曳视图时，Android Studio 会自动配置相关约束。
- 0dp 默认边距（Default Margin）：当拖曳视图时自动配置的边距大小。
- 清除所有约束（Clear All Constraints）：清除当前界面中所有视图的约束。
- 猜测约束（Infer Constraints）：自动配置当前界面中的约束。
- 增加定位对象：在其下拉菜单中可以增加垂直引导线（Vertical Guideline）、水平引导线（Horizontal Guideline）、垂直屏障（Vertical Barrier）、水平屏障（Horizontal Barrier）等。

4. 按钮控件

按钮控件通过 Button 节点定义，基本结构如下：

```
<Button
    android:id="@+id/btn_test"
    android:layout_width="wrap_content"
    android:layout_height="wrap_content" />
```

通常按钮控件需要配置 id 属性,这是为了能够在 Kotlin 代码中获得该对象,并处理相应的单击事件。

在 ConstraintLayout 工程的 activity_main.xml 布局文件中,首先删除(选中并按下键盘上的 Delete 键)TextView 视图,形成空的约束布局。随后,将组件面板中的 Button 选项拖曳到界面预览中,此时即可在组件树面板中查看该按钮,如图 4-20 所示。

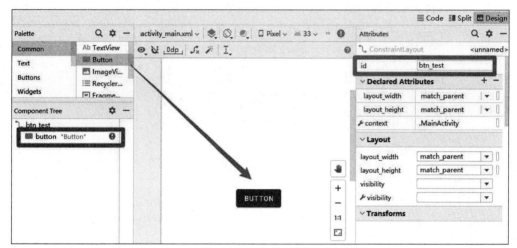

图 4-20　增加按钮视图

然后在属性面板中将该按钮的 id 属性修改为 btn_text,按 Enter 键后会弹出如图 4-21 所示的窗口。

该窗口用于重构代码,即修改 id 时同时修改引用该 id 的代码以避免引用错误。由于未曾设置该按钮的 id 属性,因此无须重构选项,直接单击 Refactor 按钮即可完成修改。

随后,在其上侧、左侧和右侧部分添加约束,使其固定在界面的最上方;将 3 个约束的边距均设置为 6dp;将视图宽度设置为 0dp,其约束面板如图 4-22 所示。

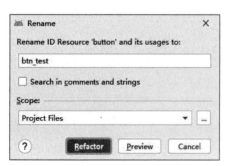

图 4-21　重构 id 属性

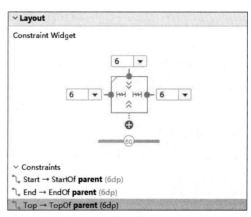

图 4-22　修改按钮的约束

最后，修改该按钮的 android:text 属性，将其文本修改为"第 1 个按钮"。将布局编辑窗口切换到 Code 模式，代码如下：

```xml
<?xml version="1.0" encoding="utf-8"?>
<androidx.constraintlayout.widget.ConstraintLayout xmlns:android="http://schemas.android.com/apk/res/android"
    xmlns:app="http://schemas.android.com/apk/res-auto"
    xmlns:tools="http://schemas.android.com/tools"
    android:layout_width="match_parent"
    android:layout_height="match_parent"
    tools:context=".MainActivity">

<Button
        android:id="@+id/btn_test"
        android:layout_width="0dp"
        android:layout_height="wrap_content"
        android:layout_marginStart="6dp"
        android:layout_marginTop="6dp"
        android:layout_marginEnd="6dp"
        android:text="第 1 个按钮"
        app:layout_constraintEnd_toEndOf="parent"
        app:layout_constraintStart_toStartOf="parent"
        app:layout_constraintTop_toTopOf="parent" />
</androidx.constraintlayout.widget.ConstraintLayout>
```

编译并运行程序，此时界面的显示效果如图 4-23 所示。

图 4-23　约束布局中的按钮

打开 MainActivity.kt 文件，在其 onCreate 生命周期函数中获取该按钮的对象，并为其设置单击事件监听器，代码如下：

```kotlin
class MainActivity : AppCompatActivity() {

    override fun onCreate(savedInstanceState: Bundle?) {
        super.onCreate(savedInstanceState)
        setContentView(R.layout.activity_main)
        //获取按钮对象
        val btnTest : Button =findViewById(R.id.btn_test)
        //设置单击事件监听器
        btnTest.setOnClickListener(object : OnClickListener{
            override fun onClick(v: View?) {
```

```
            //单击后输出日志
            Log.d("Button Test", "Clicked!")
        }
    })
}
```

  id 资源都会在 R 类中自动生成一个静态类型常量的唯一标识符。通过这些标识符就可以在 Kotlin 代码中获取相应的资源对象了。上述按钮的 id 属性为 btn_test，因此这里的 id 资源标识符为 R.id.btn_test。通过 findViewById 函数即可将 id 资源作为参数获取相应的对象，然后将其赋值给 btnTest 变量。

  通过 btnTest 变量的 setOnClickListener 函数即可设置单击事件监听器。这里的监听器通过匿名内部类定义，使用 object 关键字将其实例化为对象后，将该对象作为调用 setOnClickListener 函数的实参。在匿名内部类中，实现了单击回调函数 onClick，并输出相应日志。通过 Lambda 表达式可以将上述代码简写如下：

```
class MainActivity : AppCompatActivity() {

    override fun onCreate(savedInstanceState: Bundle?) {
        super.onCreate(savedInstanceState)
        setContentView(R.layout.activity_main)

        val btnTest : Button = findViewById(R.id.btn_test)
        btnTest.setOnClickListener {
            Log.d("Button Test", "Clicked!")
        }
    }
}
```

  此时运行程序，单击【第 1 个按钮】后即可在 Logcat 中查询到相应的日志信息。

5. Toast

  Toast 是 Android 中用于提示用户的气泡组件，其显示效果如图 4-24 所示。通过 Toast 的 makeText 静态函数即可创建 Toast 对象，其函数签名如下：

```
public static Toast makeText(Context context, CharSequence text, int duration)
```

上述参数的说明如下。

（1）context：上下文对象，通常会传入当前 Activity 对象。

（2）text：提示文本的内容。

（3）duration：提示时长，可以通过常量 Toast.LENGTH_SHORT（短时间提示）或 Toast.LENGTH_LONG（长时间提示）进行设置。

  创建 Toast 对象后，通过其 show 函数即可将气泡弹出在用户界面上。修改 btnTest 按

钮的单击事件监听器,实现弹出"Button Clicked!"文本功能,代码如下:

```
btnTest.setOnClickListener {
    Toast.makeText(this@MainActivity,
            "Button Clicked!",
            Toast.LENGTH_SHORT).show()
}
```

编译并运行程序,单击【第 1 个按钮】按钮后,即可在设备屏幕上查看相应的提示信息,如图 4-24 所示。

图 4-24　Toast 提示

除了按钮以外,开发者还可以使用图像按钮(ImageButton)实现类似的功能,其用法类似,不再详细介绍。在 6.3 节中将会用到 ImageButton,读者可以作为参考。两者的主要区别是,普通按钮通过文字向用户提示功能,而图像按钮通过图像向用户提示功能(与图像视图类似,可以使用 android:src 属性指定显示图像)。

4.3　为地图应用增加登录界面

本节通过登录界面案例(图 4-25),介绍约束布局的应用、Activity 跳转等常用用法。

图 4-25　登录到主界面

该应用程序 Login 包含两个 Activity，分别是登录界面 LoginActivity 和主界面 MainActivity。在文本框中输入正确的用户名和密码，并单击【登录】按钮，即可进入主界面中，并提示"登录成功"。在主界面中返回即可回到登录界面。下面介绍该应用程序的实现方法。

4.3.1 登录界面设计

创建工程 Login，默认创建空的 MainActivity。在 Android Studio 工程窗体的包名上右击，选择 New→ Activity→Empty Activity 菜单创建新的空 Activity，如图 4-26 所示。

图 4-26　创建新的空 Activity

在 Activity Name 项中输入名称 LoginActivity，默认勾选 Generate a Layout File，此时会自动在 Layout Name 项中生成布局文件名称 activity_login；选中 Launcher Activity 选项，将其作为入口 Activity，单击 Finish 按钮继续。此时，即可在该工程中找到 LoginActivity 代码文件和 activity_login.xml 布局文件。

注意　在 AndroidManifest.xml 文件中可以修改入口 Activity，详情可参见 4.1.1 节相关内容。

1. 设计登录布局

打开 activity_login.xml 布局文件，设计登录界面，依次完成以下步骤：

（1）删除默认的文本视图。

（2）增加水平引导线。单击约束布局工具条中的 增加定位对象按钮，选中 Horizontal

Guideline,即可添加一条水平引导线。

引导线(Guideline)可以用于在约束布局中划分区域。单击左侧的圆点即可改变引导线位置配置方式,包括距离界面顶端距离、距离界面底部距离和页面分割百分比,如图 4-27 所示。

图 4-27　引导线模式

将模式设置为页面分割百分比,拖动引导线将百分比设置为 50%,即将屏幕分成上下两部分,上半部分用于放置图标和文字,下半部分用于放置登录控件。此时,引导线的代码如下:

```
<androidx.constraintlayout.widget.Guideline
    android:id="@+id/guideline"
    android:layout_width="wrap_content"
    android:layout_height="wrap_content"
    android:orientation="horizontal"
    app:layout_constraintGuide_percent="0.5" />
```

其中,属性 android:orientation 将引导线的方向声明为横向,app:layout_constraintGuide_percent 属性将引导线的分割百分比声明为 50%。

(3) 增加图像视图。将 earth.png 复制到工程资源的 res/drawable 目录下。在登录布局中,拖入 ImageView 视图,此时会弹出如图 4-28 所示的对话框,选择图像资源。

在 Drawable 选项卡中选择 earth 图像,单击 OK 按钮即可。随后,为该图像视图增加约束,将其固定在引导线上方的区域内,并居中显示,如图 4-29 所示。

(4) 增加应用程序名称文字视图。通过约束将文字视图布局在图像视图的下方 20dp 间距位置(只需增加下侧约束,不设置下侧约束),并水平居中,如图 4-30 所示。

(5) 增加登录控件。在引导线下方依次布局两个文本框控件(EditText)和 1 个按钮控件,分别为用户名文本框、密码文本框和登录按钮,如图 4-31 所示。

文本框(EditText)是用户输入文本的控件,可以通过 EditText 节点定义,基本结构如下:

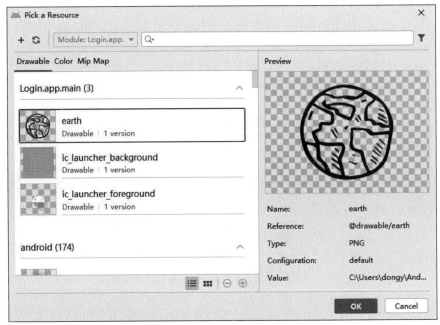

图 4-28　选择图像资源

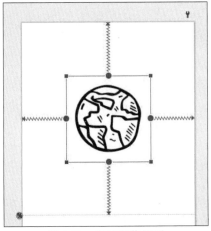

图 4-29　布局图像视图

```
<EditText
    android:layout_width="match_parent"
    android:layout_height="wrap_content"
    android:ems="10"
    android:hint="请输入用户名…"
    android:text="具体内容"
    android:inputType="textPersonName" />
```

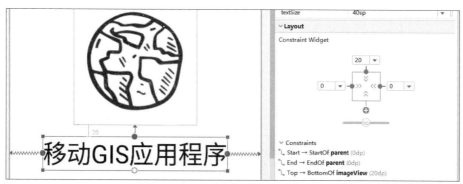

图 4-30　布局应用程序名称文字视图

文本框的常用属性如下。
- android:ems：定义以 em 为单位的文本框的宽度(在宽度设置为 0dp 时无效)。
- android:hint：输入提示。当文本框中没有任何文本时，提示用户输入正确的内容。
- android:text：文本框内容。
- android:inputType：输入类型，可以用于限制和格式化显示文本，包括一般文本(text)、多行文本(textMultiLine)、人名文本(textPersonName)、密码(textPassword)、数字(number)、手机号(phone)、日期时间(datetime)等。在布局的 Design 编辑模式下的组件面板中，选中左侧的 Text 选项后，右侧列举了许多不同输入类型的文本框(多数以 Ab 图标标识)，如图 4-32 所示。

图 4-31　布局登录控件

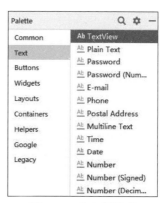

图 4-32　文本框类型

在本界面中，将输入用户名的文本框设置为人名文本(textPersonName)类型，将输入密码的文本框设置为密码(textPassword)类型。在密码类型的文本框中，用户输入的任何字符都会以"·"符号代替，以保护用户的隐私。

另外，还需要对上述两个文本框设置提示属性和 id 属性：通过提示属性显示文本框的用途，并且分别为用户名文本框和密码文本框设置 id 属性 edt_username 和 edt_password，以便在 Kotlin 代码中获取这两个对象,以进一步获取用户输入的内容。

（6）在界面最底部增加文本视图,用于显示版权信息。

此时,登录界面的预览和蓝图如图 4-33 所示。

图 4-33　登录界面的预览和蓝图

登录界面布局文件 activity_login.xml 的全部代码如下：

```
<?xml version="1.0" encoding="utf-8"?>
<androidx.constraintlayout.widget.ConstraintLayout xmlns:android="http://
schemas.android.com/apk/res/android"
    xmlns:app="http://schemas.android.com/apk/res-auto"
    xmlns:tools="http://schemas.android.com/tools"
    android:layout_width="match_parent"
    android:layout_height="match_parent"
    tools:context=".LoginActivity">
    <!--引导线-->
    <androidx.constraintlayout.widget.Guideline
        android:id="@+id/guideline"
        android:layout_width="wrap_content"
        android:layout_height="wrap_content"
```

```xml
        android:orientation="horizontal"
        app:layout_constraintGuide_percent="0.5" />
    <!--图标-->
    <ImageView
        android:id="@+id/imageView"
        android:layout_width="200dp"
        android:layout_height="200dp"
        app:layout_constraintBottom_toTopOf="@+id/guideline"
        app:layout_constraintEnd_toEndOf="parent"
        app:layout_constraintStart_toStartOf="parent"
        app:layout_constraintTop_toTopOf="parent"
        app:srcCompat="@drawable/earth" />
    <!--应用程序名称文本-->
    <TextView
        android:id="@+id/textView"
        android:layout_width="wrap_content"
        android:layout_height="wrap_content"
        android:layout_marginTop="20dp"
        android:text="移动 GIS 应用程序"
        android:textColor="@color/black"
        android:textSize="40sp"
        app:layout_constraintEnd_toEndOf="parent"
        app:layout_constraintStart_toStartOf="parent"
        app:layout_constraintTop_toBottomOf="@+id/imageView" />
    <!--用户名文本框-->
    <EditText
        android:id="@+id/edt_username"
        android:layout_width="match_parent"
        android:layout_height="wrap_content"
        android:layout_marginStart="20dp"
        android:layout_marginTop="20dp"
        android:layout_marginEnd="20dp"
        android:ems="10"
        android:hint="请输入用户名…."
        android:inputType="textPersonName"
        android:minHeight="48dp"
        app:layout_constraintEnd_toEndOf="parent"
        app:layout_constraintStart_toStartOf="parent"
        app:layout_constraintTop_toTopOf="@+id/guideline" />
    <!--密码文本框-->
    <EditText
        android:id="@+id/edt_password"
        android:layout_width="match_parent"
        android:layout_height="wrap_content"
        android:layout_marginStart="20dp"
        android:layout_marginTop="20dp"
```

```xml
        android:layout_marginEnd="20dp"
        android:ems="10"
        android:hint="请输入密码…"
        android:inputType="textPassword"
        android:minHeight="48dp"
        app:layout_constraintEnd_toEndOf="parent"
        app:layout_constraintStart_toStartOf="parent"
        app:layout_constraintTop_toBottomOf="@+id/edt_username" />
    <!--登录按钮-->
    <Button
        android:id="@+id/btn_login"
        android:layout_width="match_parent"
        android:layout_height="wrap_content"
        android:layout_marginStart="20dp"
        android:layout_marginTop="20dp"
        android:layout_marginEnd="20dp"
        android:text="登录"
        app:layout_constraintEnd_toEndOf="parent"
        app:layout_constraintStart_toStartOf="parent"
        app:layout_constraintTop_toBottomOf="@+id/edt_password" />
    <!--版权信息文本框-->
    <TextView
        android:id="@+id/textView2"
        android:layout_width="wrap_content"
        android:layout_height="wrap_content"
        android:layout_marginBottom="20dp"
        android:text="移动GIS应用程序 version:0.1 仅供学习测试"
        app:layout_constraintBottom_toBottomOf="parent"
        app:layout_constraintEnd_toEndOf="parent"
        app:layout_constraintStart_toStartOf="parent" />
</androidx.constraintlayout.widget.ConstraintLayout>
```

编译并运行程序，可以看到如图4-25所示的界面效果。

2. 模拟登录

打开登录界面LoginActivity.kt文件，并实现模拟登录功能，代码如下：

```kotlin
class LoginActivity : AppCompatActivity() {
    override fun onCreate(savedInstanceState: Bundle?) {
        super.onCreate(savedInstanceState)
        setContentView(R.layout.activity_login)

        //隐藏工具栏
        supportActionBar?.hide()
        //获取控件
        val edtUsername = findViewById<EditText>(R.id.edt_username)
```

```kotlin
        val edtPassword =findViewById<EditText>(R.id.edt_password)
        val btnLogin =findViewById<Button>(R.id.btn_login)

        //增加按钮的单击事件监听器
        btnLogin.setOnClickListener {
            //获取文本内容
            val username =edtUsername.text.toString()      //用户名
            val password =edtPassword.text.toString()      //密码
            //登录判断
            if (username =="dongyu" && password =="123456") {
                Toast.makeText(this, "登录成功", Toast.LENGTH_SHORT).show()
            } else {
                Toast.makeText(this, "登录失败", Toast.LENGTH_SHORT).show()
            }
        }
    }
}
```

在上述代码中,主要实现了以下功能。

(1) 隐藏工具栏:在默认情况下,在 Activity 的上方会显示包含标题的工具栏,但是,隐藏该工具栏可以获得更大的主界面空间。在 onCreate 生命周期函数中,调用 supportActionBar 对象(工具栏对象)的 hide 函数即可隐藏工具栏,代码如下:

```kotlin
supportActionBar?.hide()
```

(2) 获取控件对象:通过 3 个 findViewById 函数分别获取登录界面中的 3 个控件对象,并分别赋值给 edtUsername(用户名文本框)、edtPassword(密码文本框)和 btnLogin(登录按钮)变量。

(3) 实现模拟登录业务逻辑:为 btnLogin 按钮设置单击监听器,当用户单击该按钮后,通过 edtUsername 和 edtPassword 的 text 属性获取两个文本框中的输入信息(text 属性返回 Editable 对象,需要通过 toString 函数将其转换为字符串),然后判断用户名和密码是否分别为 dongyu 和 123456。当用户名和密码正确时,提示"登录成功",反之提示"登录失败"。

此时运行程序,输入正确的用户名和密码即可实现提示"登录成功"的效果。

4.3.2　Activity 的跳转

Activity 之间可以进行跳转,并且分为显式跳转和隐式跳转。顾名思义,显式跳转更加直白,直接指定被跳转的目标位置,常用于应用内的 Activity 跳转。隐式跳转则相对复杂,需要指定 Action 暴露出接口,常用于应用之间的 Activity 跳转。

本节以显式跳转的方式实现 LoginActivity 到 MainActivity 的跳转。Activity 跳转需要借助 Intent 对象,主要用于声明跳转的起点和目标。通过以下构造函数创建 Intent 对象:

```
public Intent(Context packageContext, Class<?>cls)
```

其中,参数 packageContext 用于指定跳转起点的 Activity 上下文对象,通常可以使用 this 关键字作为实参;参数 cls 用于指定跳转终点的 Activity 类的 Class<？>对象,通常可以用形如"<类名>::class.java"的方式指代,其中<类名>需要替换为实际的 Activity 类名。

定义 Intent 对象后,将其作为参数调用 startActivity 函数即可实现 Activity 的跳转。例如,跳转到 MainActivity 的典型代码如下:

```
/创建跳转至 MainActivity 的 Intent 对象
val intent = Intent(this, MainActivity::class.java)
//开始跳转
startActivity(intent)
```

在登录按钮的单击监听器中实现跳转功能,代码如下:

```
//增加按钮的单击监听器
button.setOnClickListener {
…
if (username =="dongyu" && password =="123456") {

        Toast.makeText(this, "登录成功", Toast.LENGTH_SHORT).show()
        val intent =Intent(this@LoginActivity, MainActivity::class.java)
        startActivity(intent)
    } else {
        Toast.makeText(this, "登录失败", Toast.LENGTH_SHORT).show()
    }
}
```

在上述代码中,创建 Intent 对象时使用 this@LoginActivity 作为上下文对象,而不是 this。这是因为在单击监听器中,this 对象指代了当前的监听器对象,而不是当前 Activity 对象。

编译并运行程序,即可实现 LoginActivity 到 MainActivity 的跳转。只不过,此时 MainActivity 没有实现地图功能。读者可参考 2.2.2 节的相关内容,在 MainActivity 中增加地图控件后编译并运行程序,即可实现如图 4-25 所示的效果。

4.4 本章小结

本章以登录界面的设计为目标导向,介绍了 Android 开发基础知识,侧重于移动开发的初学者。相信读者通过本章的学习具备了使用 Activity 和界面设计等核心能力。

在实际应用中,用户登录存在两种基本模式,即门关模式和随心模式。

(1) 门关模式:在应用程序首次(或每次)登录时弹出登录界面,未登录则无法进入主界面。通常,门关模式适用于隐私性强的应用,如微信、QQ、网盘等社交类、数据类软件。

在 GIS 应用系统中,通常涉及私有数据,因此门关模式更加适用。

(2) 随心模式:在应用程序首次(或每次)登录时弹出主界面,用户可在使用中随时登录。通常,侧重于提供服务的应用选择随心模式,如微博、抖音等媒体软件,以及百度地图、高德地图等导航软件。

可见,本章所介绍的登录功能属于门关模式,读者可以根据实际需求尝试实现随心模式的登录功能。

4.5 习题

(1) 简述视图、控件、布局的概念及其关系。
(2) 简述约束布局相对于线性布局和相对布局的优势。
(3) 尝试使用约束布局实现简单的计算器功能。

第 5 章 地图与定位

地图是地理学的第二语言,是展现地理空间数据的核心工具。在 Android Maps SDK 中提供了高效、易用的地图控件(MapView)及三维地图控件(SceneView)。本章仅介绍 MapView 的用法,读者可以类比学习 SceneView,两者的用法较为相近。

在地图控件之上,可以显示经过渲染的地图和图层,方便用户进行浏览、分析和处理。另外,移动 GIS 的突出优势就是绝大多数设备具有定位能力,可以将定位信息实时显示在地图上。

本章围绕地图控件,介绍地图、图层、定位等常见用法,核心知识点如下:

- 地图控件及其交互
- 使用常见的业务图层
- GPS 定位

5.1 地图控件、地图和图层

地图控件(MapView)、地图(ArcGISMap)和图层(Layer)的概念的联系非常紧密,其关系如图 5-1 所示。

图 5-1　地图控件、地图和图层

地图控件是装载地图的容器。地图控件其本身并不包含数据，但可以容纳各种各样的图层，包括底图、业务图层和绘制图层等。

> **注意** 底图、业务图层和绘制图层都可以认为是一般意义上的图层（Layer）。在 ArcGIS Maps SDK 中，之所以将这些图层分类，是为了方便开发者管理。在早期的 ArcGISRuntimeSDK 中，这些图层都是在同一个图层列表中管理的。

地图包含了底图和业务图层。底图（Basemap）是用于呈现基础地理信息数据的图层，通常展示土地类型、交通、水系、地名地址、POI 等数据，不需要和用户交互且图层较为稳定，不需要经常更新变化。业务图层（Operational Layer）也称为数据图层（Data Layer），通常是需要和用户交互且可能经常变化的图层。底图和业务图层都是以列表的方式进行管理的，并且这些图层在列表中的顺序就是地图上的叠加顺序。

没有地图和图层的地图控件是没有灵魂的。通常，创建地图控件之前需要将地图和所需要的业务图层提前准备好。创建地图控件的基本流程如下：

(1) 确定底图类型或者创建底图图层。
(2) 创建地图对象。
(3) 确定业务图层列表。
(4) 创建地图控件，并加载地图。

本节介绍地图控件和底图的基本用法。

5.1.1 地图控件

地图控件地属于视图，可以放置在 Activity 的布局中，是展示和操作 GIS 数据的终端入口。与 SceneView 类似，它们都继承于 GeoView 类，并位于 com.arcgismaps.mapping.view 包。MapView 的构造函数如下：

- fun MapView(context: Context)
- fun MapView(context: Context, attrs: AttributeSet?)

通常，MapView 并不是在代码中创建的，而是在 XML 布局文件中声明的，典型代码如下：

```xml
<com.arcgismaps.mapping.view.MapView
    android:id="@+id/mapview"
    android:layout_width="match_parent"
    android:layout_height="match_parent" />
```

由于地图控件非常重要，所以在本书后面的例子中，将地图控件对象 mapView 定义为成员变量，代码如下：

```kotlin
class MainActivity : AppCompatActivity() {
    //地图控件
```

```kotlin
private lateinit var mapView : MapView

override fun onCreate(savedInstanceState: Bundle?) {
    super.onCreate(savedInstanceState)
    setContentView(R.layout.activity_main)
    ...
    //获取 MapView 地图控件
    mapView = findViewById<MapView>(R.id.mapview)
    ...
}
```

由于对象 mapView 无法在 MainActivity 的构造方法中初始化,所以按照之前的解决方案需要为其设置可空类型,即 MapView?,但是,如此一来就会非常麻烦,毕竟 mapView 对象在之后的代码中一定会被初始化,因此,这里使用 lateinit 延迟加载关键字进行设置,实则是向编译器保证该对象一定会被初始化。这是一种惯用用法,通常 Android 的视图对象均会采用 lateinit 关键字。

注意 lateinit 关键字只能用于 var 关键字前,不能用于 val 关键字定义的变量。

本节介绍地图控件的交互、视点、地图位置等控制方式。本节所介绍的内容均可以在 MapView 工程中找到,在该工程中,onCreate 函数包含了 3 个函数调用,分别为用于初始化地图控件的 initMapView 函数,用于监听地图控件变化的 listenMapViewChanges 函数,以及用于初始化基本视图的 initView 函数。后文中的代码基本可以在这 3 个函数中找到。

1. 地图控件交互

地图控件支持常见的手势交互,包括平移、缩放、旋转等,如表 2-3 所示。通过 MapView 对象的 interactionOptions 属性可以设置交互选项,包括以下几种。

(1) isEnabled:Boolean 类型,是否可以交互,默认值为 true。

(2) isPanEnabled:Boolean 类型,是否允许平移地图,默认值为 true。

(3) isZoomEnabled:Boolean 类型,是否允许缩放地图,默认值为 true。

(4) isRotateEnabled:Boolean 类型,是否允许旋转地图,默认值为 true。

(5) zoomFactor:Double 类型,单指双击(双指单击)屏幕缩放比例,默认为 2.0。当该系数大于 1.0 时,单指双击放大屏幕,双指点击缩小屏幕;反之单指双击缩小屏幕,双指点击放大屏幕。当该系数为 1.0 时,单指双击(双指单击)无法缩放屏幕。

(6) isFlingEnabled:Boolean 类型,手指平移屏幕且离开屏幕后,地图是否随平移方向滑动一定的距离,默认值为 true。

(7) snapToNorthThreshold:Double 类型,旋转屏幕时当向上方向偏离正北的角度小于该值时将地图向上方向设置为正北,默认为 7.5。

(8) isMagnifierEnabled:Boolean 类型,是否允许使用放大镜,默认值为 true。

(9) allowMagnifierToPan：Boolean 类型，是否允许使用放大镜平移，默认值为 true。

除了 snapToNorthThreshold、isMagnifierEnabled 和 allowMagnifierToPan 以外，其他选项也支持 SceneView。

例如，允许地图缩放，但是不允许地图平移和旋转，代码如下：

```
//允许地图缩放
mapView.interactionOptions.isZoomEnabled = true
//不允许地图平移
mapView.interactionOptions.isPanEnabled = false
//不允许地图旋转
mapView.interactionOptions.isRotateEnabled = false
```

2. 视点与地图范围

视点(Viewpoint)原本是影视的概念，是指聚焦者感知事件时所处的角度和位置。在地图控件中，表示地图的位置和缩放情况。通过视点的改变，可以改变当前的地图范围(Extent)。

创建视点的构造函数共有 10 个，可以通过经纬度坐标、中心点位置、图形位置等方式创建视点。常用的 Viewpoint 构造函数如下。

(1) fun Viewpoint(latitude：Double，longitude：Double，scale：Double)：通过经度(longitude)、纬度(latitude)和比例尺(scale)创建视点对象。

(2) fun Viewpoint(latitude：Double，longitude：Double，scale：Double，camera：Camera)：通过经纬度、比例尺和相机参数创建视点对象。

(3) fun Viewpoint(center：Point，scale：Double)：通过中心点几何体(center)和比例尺创建视点对象。

(4) fun Viewpoint(center：Point，scale：Double，rotation：Double)：通过中心点几何体(center)、比例尺和旋转角度(rotation)创建视点对象。

创建视点时，需要注意以下几个问题：

(1) 通过经纬度坐标创建视点时，应当使用 WGS84 坐标系的坐标值。

(2) 带有相机(camera)参数的构造函数可以用于场景控件(SceneView)。相机参数指定了经度(longitude)、纬度(latitude)、高度(altitude)、航向角(heading)、俯仰角(pitch)和横滚角(roll)值，其构造函数如下：

```
fun Camera (latitude: Double, longitude: Double, altitude: Double, heading: Double, pitch: Double, roll: Double)
```

(3) ArcGIS Maps SDK 中，比例尺值(scale)采用数字比例尺的倒数描述。例如，对于 1：100000 比例尺，那么 scale 的值应当为 100000，而不是 1/100000。

定义 Viewpoint 对象后，即可通过地图控件的 setViewpoint 函数设置当前的视点位置，其函数签名如下：

```
fun setViewpoint(viewpoint: Viewpoint)
```

例如,定位到河北师范大学校园中心,将比例尺设置为1∶3000,代码如下:

```
mapView.setViewpoint(Viewpoint(37.997048, 114.516049, 3000.0))
```

这种设置方法不带有任何动画,通常用于设置地图的初始位置。如果地图已经加载,则可以使用异步方法进行定位,带有地图切换位置的动画,可以提高用户体验,相关函数的签名如下:

```
suspend fun setViewpointAnimated(viewpoint: Viewpoint): Result<Boolean>
suspend fun setViewpointAnimated ( viewpoint: Viewpoint, durationSeconds: Float): Result<Boolean>
suspend fun setViewpointAnimated(viewpoint: Viewpoint, durationSeconds: Float, curve: AnimationCurve): Result<Boolean>
```

如果没有现成的 Viewpoint 对象,则可以通过 setViewpointCenter 和 setViewpointGeometry 函数定位到中心点或者指定几何体。

注意 通过 setViewpointRotation 和 setViewpointScale 函数可以异步改变地图视点的旋转角度和比例尺。

例如,定位到北京城区的代码如下:

```
mapView.setViewpointAnimated(Viewpoint(39.915599, 116.402257, 500000.0))
```

由于该函数为挂起函数,所以需要异步使用。此时,使用 Lifecycle 模块提供的 lifecycleScope 创建协程作用域,并在其中调用上述函数,代码如下:

```
//定位到北京城区
lifecycleScope.launch {
    mapView.setViewpointAnimated(
            Viewpoint(39.915599, 116.402257, 500000.0))
}
```

执行上述代码,地图控件就可以以顺滑的动画过渡到指定的视点。

3. 监听视点变化

通过 MapView 的 isNavigating 属性可以判断当前地图的视点是否正在发生变化(包括用户互动操作或通过上述代码改变 Viewpoint),但是这种方式只能单次判断,不能实时监听。MapView 类中定义了 SharedFlow 类型的 navigationChanged 属性。这是一种热流类型,可以通过其 collect 函数监听值的变化。另外,该技术也用到了 Kotlin 的协程,所以仍然需要 lifecycleScope 创建协程作用域才可以正常使用。

当检测到地图发生变化时,在 Logcat 中会输出相应的日志,代码如下:

```
//监听地图变化
lifecycleScope.launch {
    mapView.navigationChanged.collect { value ->
        Log.d("mapView", "navigationChanged")
    }
}
```

此时,每当用户平移、缩放、旋转地图或者通过 setViewpointAnimated 等异步函数改变地图视点时,都会在 Logcat 中提示 navigationChanged。

那么,如何获取当前的视点呢？开发者可以调用 MapView 的 getCurrentViewpoint 函数获取视点对象,其签名如下:

```
fun getCurrentViewpoint(viewpointType: ViewpointType): Viewpoint?
```

这里的 viewpointType 参数用来指定视点类型,包括中心点和比例尺类型(CenterAndScale)及四至边界类型(BoundingGeometry)。监听地图视点变化,并将相关信息输出至控制台,代码如下:

```
//监听地图变化
lifecycleScope.launch {
  mapView.navigationChanged.collect { value ->
    Log.d("mapView", "navigationChanged")
    //获取中心点和比例尺
    val f = DecimalFormat("0.##")            //保留两位小数
    val vp1 = mapView.getCurrentViewpoint(ViewpointType.CenterAndScale)
    val center = vp1?.targetGeometry as Point
    Log.d("mapView", "坐标 X: ${f.format(center.x)}, Y: "
+"${f.format(center.y)}")
    Log.d("mapView", "比例尺: ${vp1.targetScale.toULong()}")
    //获取边界几何体(四至范围)
    val vp2 = mapView.getCurrentViewpoint(ViewpointType.BoundingGeometry)
    val bounding = vp2?.targetGeometry as Envelope
    Log.d("mapView", "xmin: ${f.format(bounding.xMin)}")
    Log.d("mapView", "xmax: ${f.format(bounding.xMax)}")
    Log.d("mapView", "ymin: ${f.format(bounding.yMin)}")
    Log.d("mapView", "ymax: ${f.format(bounding.yMax)}")
  }
}
```

在上述代码中,通过 DecimalFormat 对象对所有的浮点型数值进行格式化操作,保留其两位小数,以便更易观察其数值。在 onCreate 声明周期函数增加上述代码,编译并运行程序,这样每次用户改变地图视点时都会在 Logcat 中输出类似如下信息:

```
2023-04-05 ⋯ D/mapView: navigationChanged
2023-04-05 ⋯ D/mapView: 坐标 X: 12747816.66, Y: 4578890.75
```

```
2023-04-05 … D/mapView: 比例尺: 3000
2023-04-05 … D/mapView: xmin: 12747653.38
2023-04-05 … D/mapView: xmax: 12747979.95
2023-04-05 … D/mapView: ymin: 4578576.2
2023-04-05 … D/mapView: ymax: 4579205.3
```

类似地,通过 SharedFlow 类型的 mapScale 属性和 mapRotation 属性,可以监听地图控件的比例尺变化和旋转变化,代码如下:

```
//监听地图缩放
lifecycleScope.launch {
    mapView.mapScale.collect { value ->
        Log.d("mapView", "mapScale : ${value.toULong()}")
    }
}
//监听地图旋转
lifecycleScope.launch {
    mapView.mapRotation.collect { value ->
        Log.d("mapView", "mapRotation : ${value}")
    }
}
```

如果开发者并不需要持续监听,而仅需要当前的比例尺或缩放角度等信息,则可通过 SharedFlow 类型的 value 属性得到当前值,代码如下:

```
//提示视点信息
val info ="是否正在改变视点?${mapView.isNavigating}\n" +
"比例尺 1:${mapView.mapScale.value.toULong()}\n" +
"缩放角度 ${mapView.mapRotation.value}°"
showToast(info)
```

由于获取 value 值不是异步的,所以不需要使用协程技术。函数 showToast 定义了显示气泡信息功能,代码如下:

```
//气泡提示信息
fun showToast(str : String) {
    Toast.makeText(this, str, Toast.LENGTH_SHORT)
        .show()
}
```

在后文中均使用该 showToast 函数弹出气泡信息,不再赘述。执行上述代码,结果如图 5-2 所示。

4. 监听用户交互

除了可以监听地图控件视点以外,还可以通过 onSingleTapConfirmed、onLongPress 等 SharedFlow 类型的属性监听用户交互事件,如表 5-1 所示。

图 5-2 弹出视点信息

表 5-1 监听用户交互事件

属 性	返 回 类 型	描 述
onDown	SharedFlow(DownEvent)	用于监听按下事件
onUp	SharedFlow(UpEvent)	用于监听松开事件
onSingleTapConfirmed	SharedFlow(SingleTapConfirmedEvent)	用于监听单击事件
onPan	SharedFlow(PanChangeEvent)	用于监听地图平移事件
onDoubleTap	SharedFlow(DoubleTapEvent)	用于监听双击事件
onLongPress	SharedFlow(LongPressEvent)	用于监听长按事件
onTowPointerTap	SharedFlow(TwoPointerTapEvent)	用于监听双指单击事件

监听双击地图事件，代码如下：

```
lifecycleScope.launch {
    mapView.onDoubleTap.collect { event ->
        showToast("双击位置 X: ${event.mapPoint?.x}, Y: "
            +"${event.mapPoint?.y}")
    }
}
```

在 DoubleTapEvent 事件对象（其他事件对象与此类似）中，可以通过其 mapPoint 属性获取其双击位置。在上述代码中，将双击位置通过气泡弹出以提示用户，效果如图 5-3 所示。

图 5-3 弹出双击位置信息

5. 其他常用属性和函数

下面通过列表的方式介绍地图控件另外一些比较常用的属性和函数，有些会在后文用到，但也有一些因篇幅限制不再详细说明。地图控件的常用属性如表 5-2 所示。

表 5-2　地图控件的常用属性

属　性	类　　型	描　　述
spatialReference	SpatialReference?	地图控件的空间参考
graphicOverlays	MutableList<GraphicsOverlay>	绘制图层列表
visibleArea	Polygon?	地图可见区域
unitsPerDip	Double	地图中每个像素上的单位长度
wrapAroundMode	WrapAroundMode	地图扩展模式，包括禁用（Disabled）模式和支持时启用（EnabledWhenSupported）模式。当启用时，地图控件坐标系在横向上是没有边界的
backgroundGrid	BackgroundGrid	背景格网，可以通过 BackgroundGrid 对象设置背景网格的颜色、大小等
grid	Grid?	坐标格网，可以设置 Grid 的子类，包括经纬格网（LatitudeLongitudeGrid）UTM 格网（UTMGrid）等

地图控件的常用函数如表 5-3 所示。

表 5-3　地图控件的常用函数

函　数　签　名	描　　述
fun locationToScreen(mapPoint: Point): ScreenCoordinate	将地理坐标转换为屏幕坐标
fun screenToLocation(screenCoordinate: ScreenCoordinate): Point?	将屏幕坐标转换为地理坐标
suspend fun exportImage(): Result<BitmapDrawable>	将当前地图输出为二进制图像

地理坐标和屏幕坐标的转换是非常实用的。特别是在空间查询时，通过这些函数可以将用户点选地图的位置和真实的地理坐标进行转换。屏幕坐标类型 ScreenCoordinate 实际上是 DoubleXY 类的别名，包含了 x 和 y 两个 Double 类型的属性。

5.1.2　地图

地图是按照一定空间信息和渲染方式组合地理数据的综合体。完整的地图主要包括以下组成部分。

（1）图层：经过渲染的并且按照一定顺序排列的图层，可以分为底图图层和业务图层。

（2）地图属性：包括空间参考、包络矩形、书签、比例尺等。

本节介绍地图类的基本用法，并加载在线图层。

1. 地图

地图（ArcGISMap）类处于 com.arcgismaps.mapping 包中，其构造方法如下：

- fun ArcGISMap()

- fun ArcGISMap(basemap：Basemap)
- fun ArcGISMap(basemapStyle：BasemapStyle)
- fun ArcGISMap(spatialReference：SpatialReference?)
- fun ArcGISMap(uri：String)
- fun ArcGISMap(item：Item)

可以发现，除了可以直接创建空的地图对象以外，还可以通过底图、底图样式、URI 地址、项(Item)、空间参考等方式创建地图对象。

注意 这里的项(Item)是指 LocalItem(本地项)或 PortalItem(云端项)，详情可参考 5.2.2 节的相关内容。

在上文中都是通过初始化底图样式(BasemapStyle)的方式创建地图的，代码如下：

```
mapView.map = ArcGISMap(BasemapStyle.ArcGISTopographic)
```

通过 URI 加载发布在 ArcGIS Online 的地图，代码如下：

```
val url ="https://www.arcgis.com/home/item.html?id=acc027394bc84c2fb04d1ed317aac674"
mapView.map = ArcGISMap(url)
```

对于 ArcGIS Online，也可以通过创建云端项的方式加载地图，代码如下：

```
//定义 ID
val portalItemId = "acc027394bc84c2fb04d1ed317aac674"
//定义 Portal 地址
val portal = Portal("https://www.arcgis.com")
//创建 PortalItem 对象
val portalItem = PortalItem(portal, portalItemId)
//加载地图
mapView.map = ArcGISMap(portalItem)
```

地图常见的属性如表 5-4 所示。

表 5-4 地图常见的属性

属 性	类 型	描 述
initialViewpoint	Viewpoint?	初始视点。如果没有为地图控件设置视点，则默认采用地图的初始视点
referenceScale	Double	参考比例尺，参考的基准比例尺
minScale	Double	地图最小比例尺，制约地图缩小
maxScale	Double	地图最大比例尺，制约地图放大
maxExtent	Envelope?	最大包络矩形，制约地图缩小

续表

属 性	类 型	描 述
spatialReference	SpatialReference?	空间参考。如果没有为地图控件设置空间参考，则默认采用地图的空间参考
basemap	StateFlow<Basemap?>	底图。StateFlow 类型参数，可以用于监听其变化情况
operationalLayers	MutableList<Layer>	业务图层列表
tables	MutableList<FeatureTable>	数据表列表
uri	String?	加载地图的 URL
version	String	地图版本
bookmarks	MutableList<Bookmark>	地图书签
loadSettings	LoadSettings	加载选项

2．书签

地图书签可以用于快速定位地图位置。一个书签包含了名称和视点，其构造函数如下。

- fun Bookmark()：创建空的书签
- fun Bookmark(name: String, viewpoint: Viewpoint)：通过名称和视点创建书签

书签只包含了 name 和 viewpoint 属性，使用上非常简单。在 ArcGISMap 中，通过 bookmarks 属性即可获取该底图的书签列表（为 MutableList<Bookmark>类型）。例如，为当前地图增加位于北京市、天津市、石家庄市和沧州市的 4 个地图书签，代码如下：

```
val bk1 = Bookmark("北京", Viewpoint(39.915599, 116.402257, 500000.0))
mapView.map?.bookmarks?.add(bk1)
val bk2 = Bookmark("石家庄", Viewpoint(38.048328, 114.518546, 500000.0))
mapView.map?.bookmarks?.add(bk2)
val bk3 = Bookmark("天津", Viewpoint(39.144819, 117.211163, 500000.0))
mapView.map?.bookmarks?.add(bk3)
val bk4 = Bookmark("沧州", Viewpoint(38.290141, 116.851841, 500000.0))
mapView.map?.bookmarks?.add(bk4)
```

通过 Kotlin 的 apply 标准函数可以简化重复增加书签，代码如下：

```
mapView.map?.bookmarks?.apply {
    add(Bookmark("北京", Viewpoint(39.915599, 116.402257, 500000.0)))
    add(Bookmark("石家庄", Viewpoint(38.048328, 114.518546, 500000.0)))
    add(Bookmark("天津", Viewpoint(39.144819, 117.211163, 500000.0)))
    add(Bookmark("沧州", Viewpoint(38.290141, 116.851841, 500000.0)))
}
```

在 Kotlin 中，任意对象都可以调用 apply 标准函数，并且在 apply 标准函数后紧接一个

Lambda 表达式。在该表达式中包含了当前对象的上下文。在上述代码中，首先通过 apply 标准函数获得到当前地图 bookmarks 属性的上下文，然后通过 4 个 add 函数增加 4 个书签。这样代码就非常简洁了。

创建一个新的空 Activity 的 Android 工程，获取地图控件对象后通过上述代码增加 4 个书签，然后在布局中增加两个按钮，分别是【查看书签】和【增加书签】，用于演示书签的用法，同时简单介绍 Android 中对话框的弹出方法，如图 5-4 所示。

图 5-4　查看书签和增加书签

随后，在【查看书签】的单击事件监听函数中，实现列表对话框，并依次显示当前地图中的书签；单击任意书签后，定位到相应的位置，代码如下：

```kotlin
//获取书签的名称,形成名称列表bookmarkNames
val bookmarkNames =ArrayList<String>()
//通过forEach函数获取书签中所有的名称,并赋值到bookmarkNames列表中
mapView.map?.bookmarks?.forEach {
        bookmark: Bookmark ->bookmarkNames.add(bookmark.name)
}
//创建对话框构造器
val builder =AlertDialog.Builder(this@MainActivity)
//设置对话框标题
builder.setTitle("请选择…")
//为对话框设置列表项,并实现单击后的业务逻辑
builder.setItems(bookmarkNames.toTypedArray()) {
        dialogInterface, i ->
    //获取当前书签的视点对象
val viewpoint =mapView.map?.bookmarks?.get(i)?.viewpoint
    //定位到视点
if (viewpoint !=null) {
        mapView.setViewpoint(viewpoint)
    }
}
//创建对话框
val alert =builder.create()
//显示对话框
alert.show()
```

在上述代码中,通过对话框的方式显示所有书签的列表。当用户单击某个书签时,通过地图控件的 setViewpoint 函数定位到书签的视点位置。编译并运行程序,单击【查看书签】按钮,此时会弹出如图 5-5 所示的对话框。

【增加书签】按钮的实现如下:弹出包含 1 个文本框的对话框。当用户在文本框中输入文本并单击【确定】按钮会将当前文本框中的文本作为书签的名称,将

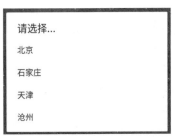

图 5-5　通过列表对话框显示书签

当前的视点作为书签的视点创建书签,并将书签对象添加到地图的书签列表中,代码如下:

```
//输入书签名称的文本框
val editText =EditText(this@MainActivity)
//创建对话框构造器
val builder =AlertDialog.Builder(this@MainActivity)
//设置对话框的名称
builder.setTitle("请输入书签名称…")
//设置对话框的内容:文本框 editText 对象
builder.setView(editText)
//设置单击"确定"按钮后的业务逻辑
builder.setPositiveButton("确定") { dialog, which ->
    //获取当前地图控件的视点
    val viewpoint =mapView.getCurrentViewpoint(ViewpointType.CenterAndScale)
    if (viewpoint !=null) {
        //创建书签
        val bookmark =Bookmark(editText.text.toString(), viewpoint)
        //为当前地图增加书签
        mapView.map?.bookmarks?.add(bookmark)
        showToast("书签添加成功!")
    } else {
        showToast("书签添加失败!")
    }
}
//设置"取消"按钮
builder.setNegativeButton("取消") { dialog, which ->  }
//创建并显示对话框
builder.create().show()
```

在上述代码中,通过地图控件的 getCurrentViewpoint 函数获取当前的视点。ViewpointType 定义了视点类型,包括当前视图范围(BoundingGeometry)和中心点结合比例尺(CenterAndScale)两种类型。在需要定位某个点时,建议使用 CenterAndScale 类型;在需要定位某个区域时,建议使用 BoundingGeometry 类型。

运行程序,单击【增加书签】按钮,此时会弹出如图 5-6 所示的对话框。

再次单击【查看书签】按钮后,就能在列表中浏览到当前书签了,并且单击该书签可以定

图 5-6　通过自定义对话框创建书签
（输入书签名称）

位到正确的位置上。

3. 底图

底图是一张地图的"底端"，通常用于描绘底图的基础信息。一个优秀的底图不仅可以使地图更加美观，也方便用户定位和识别，因此，针对不同的应用角度，底图同样需要精心设计。底图也是由若干图层组成的，并且分为底图层和参考图层两部分。

（1）底图层（Base Layers）：呈现具有连续性基础地理信息的图层，如地形、影像、道路、用地类型等。

（2）参考图层（Reference Layers）：具有标注特征的图层，如 POI、地名地址注记或具有标注功能的道路等。

底图的构造函数如下：

- fun Basemap()
- fun Basemap(basemapStyle：BasemapStyle)
- fun Basemap(item：Item)
- fun Basemap(baseLayer：Layer?)
- fun Basemap(baseLayers：Iterable<Layer>, referenceLayers：Iterable<Layer>)
- fun Basemap(uri：String)

底图可以通过底图样式（BasemapStyle）、项（Item）、URI、底图层及参考图层创建。例如，通过底图样式创建底图，代码如下：

```
val basemap = Basemap(BasemapStyle.ArcGISTopographic)
```

通过地图对象的 setBasemap 函数可以设置切换不同的底图，代码如下：

```
mapView.map?.setBasemap(basemap)
```

底图样式（BasemapStyle）提供了 35 种 ArcGIS 官方底图，以及 12 种 OSM 的底图。常用的类型包括地形图（ArcGISTopographic）、社区图（ArcGISCommunity）、暗黑图（ArcGISDarkGray）、影像图（ArcGISImagery）、导航图（ArcGISNavigation）、街道图（ArcGISStreets）、OSM 标准图（OsmStandard）、OSM 暗黑图（OsmDarkGray）、OSM 街道图（OsmStreets）等，如图 5-7 所示。

值得注意的是，有一些底图是复合多个图层而来的，并不是独立的图层。例如，

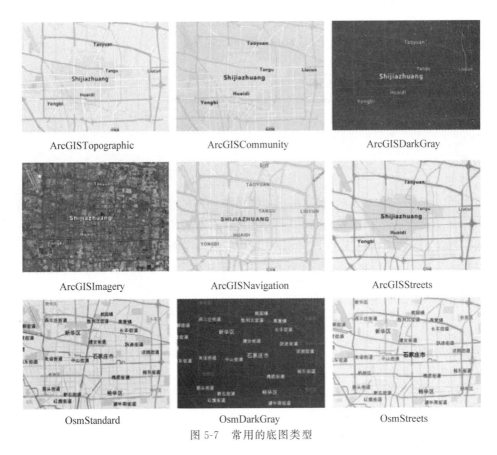

图 5-7 常用的底图类型

ArcGISImagery 底图样式就是由 ArcGISImageryStandard 底图和 ArcGISImageryLabels 底图组合而来的,前者是单纯的影像(只有底图层),后者是单纯的标注(只有参考图层)。通常,以 Base 结尾的样式只含有底图层,以 Labels 结尾的底图样式只含有参考图层。开发者可以根据自身需要进行选择。

在本章附带的 MapView 工程中,通过单击【切换底图】按钮,可以弹出常用底图的列表,读者可以尝试切换底图以感受不同底图的效果,如图 5-8 所示。

除了可以使用这些官方提供的底图以外,用户还可以通过 URI 或者 PortalItem 等方式使用其他底图,例如使用 ArcGISOnline 提供的底图,代码如下:

```
val url = " https://services.arcgisonline.com/arcgis/rest/services/World_Imagery/MapServer"
val basemap = Basemap(ArcGISTiledLayer(url))
mapView.map = ArcGISMap(basemap)
```

在上述代码中,通过独立的切片图层创建底图。关于图层的相关用法详见 5.2 节。类似地,可以使用智图 GeoQ 提供的中国在线地图,代码如下:

图 5-8 切换不同底图

```
val url = " https://map. geoq. cn/arcgis/rest/services/ChinaOnlineCommunity/
MapServer"
val basemap = Basemap(ArcGISTiledLayer(url))
mapView.map = ArcGISMap(basemap)
```

通常,位于国内的底图服务会更加稳定高效。

另外,在底图对象中,还可以通过 name 属性获得底图名称,通过 uri 属性获得底图地址等。这些属性不是很常用,因此略去不表。

5.1.3 空间参考

空间参考(SpatialReference)是指地图的必备要素。在 ArcGIS Maps SDK 中,可以通过空间参考的 WKID 或者 WKT 创建 SpatialReference 对象,构造函数如下:

- fun SpatialReference(wkid: Int)
- fun SpatialReference(wkid: Int, verticalWkid: Int)
- fun SpatialReference(wkText: String)

在 ArcGIS Pro 中,打开地图属性对话框,在坐标系选项卡中,选择任意坐标系并单击【详细信息】按钮,即可查看该坐标系的名称 WKID,如图 5-9 所示。

例如,创建 WGS 1984 的坐标系对象,代码如下:

```
val sr = SpatialReference(4326)
```

通过 WKT 也可以创建坐标系对象。例如,使用 WKT 创建 WGS 1984 坐标系对象,代码如下:

```
val sr = SpatialReference("GEOGCS['GCS_WGS_1984'," +
    "DATUM['D_WGS_1984',SPHEROID['WGS_1984',6378137.0,298.257223563]]," +
```

```
"PRIMEM['Greenwich',0.0],UNIT['Degree',0.0174532925199433]];" +
"-400 -400 1000000000;-100000 10000;-100000 10000;" +
"8.98315284119522E-09;0.001;0.001;IsHighPrecision")
```

坐标系详细信息	
地理坐标系	WGS 1984
WKID	4326
授权	EPSG
角度单位	Degree (0.0174532925199433)
本初子午线	Greenwich (0.0)
基准面	D WGS 1984
参考椭球体	WGS 1984
长半轴	6378137.0
短半轴	6356752.314245179
扁率	298.257223563

图 5-9 查看坐标系的 WKID

除自定义坐标系以外，一般很少使用 WKT 创建空间坐标系。

注意 空间坐标系的 WKT 和 WKID 是开放地理空间联盟 OGC 标准。

空间参考对象的常用属性如表 5-5 所示。

表 5-5 空间参考对象的常用属性

属　　性	类　　型	描　　述
wkid	Int	坐标系的 WKID
wkText	String	坐标系的 WKT
unit	MeasurementUnit	坐标单位
hasVertical	Boolean	是否包含垂直坐标系
verticalWkid	Int	垂直坐标系的 WKID
verticalUnit	LinearUnit?	垂直坐标系的坐标单位
isGeographic	Boolean	判断是否为地理坐标系
isProjected	Boolean	判断是否为投影坐标系

在移动 GIS 应用中，用到最多的两种坐标系分别是 WGS 1984 坐标系和 Web 墨卡托坐标系。

（1）WGS 1984 是全球定位导航系统的默认坐标系，通过 GPS、GLONASS、北斗等卫星星座获得的坐标都是以 WGS 1984 坐标系为基准的。

（2）在互联网地图中，Web 墨卡托投影是一种用得最多且最方便的投影坐标系。例如，ArcGIS Online、谷歌、OSM、百度、高德、天地图等地图提供商提供的底图服务无一例外都是采用 Web 墨卡托投影的。这主要因为 Web 墨卡托投影(正轴等角圆柱投影)非常简单，管理切片非常容易。

通过空间参考(SpatialReference)的伴生对象 Companion 可以直接创建上述两种坐标参考，也可以通过 JSON 创建坐标参考，其相关函数如下。

(1) fun fromJson(json: String): SpatialReference?：通过 JSON 字符串创建坐标参考。

(2) fun webMercator(): SpatialReference：创建 Web 墨卡托投影坐标系。

(3) fun wgs84(): SpatialReference：创建 WGS 1984 地理坐标系。

注意 通过空间参考的 toJSON 函数可以将当前的空间参考输出为字符串。

例如，创建 Web 墨卡托坐标系的代码如下：

```
val sr =SpatialReference.webMercator()
```

伴生对象中的成员函数类似于 Java 中的静态函数，可以直接调用。

5.2 图层

图层是加载地理空间数据的最小单元。通常 1 个图层对应了 1 个独立的数据源。在上文中介绍的底图加载中，实际上会自动完成 1 个或者多个图层的加载。本节介绍常用的图层及其加载方法，涉及的代码均可以在 Layers 工程中找到。Layers 应用程序只有一个界面，即 MainActivity。在 MainActivity 中，除了地图控件以外，还包括【输出文件位置】【加载在线图层】【加载切片包】【加载矢量切片包】【加载移动地图包】和【加载 Shapefile】按钮，如图 5-10 所示。

图 5-10　Layers 应用程序

5.2.1 图层及其子类

在 ArcGIS Maps SDK 中，图层类(Layer)定义了空间参考、名称、比例尺、可见性、描述、透明度等基础属性，所有类型的图层都直接或者间接继承于图层类(Layer)，如图 5-11 所示。

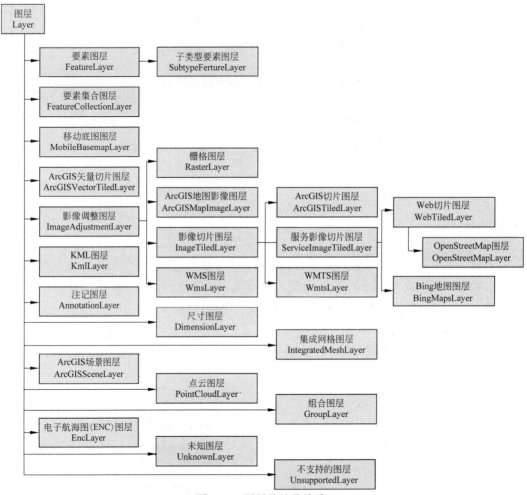

图 5-11 图层的继承关系

在底图中，多数的底图层为 ArcGIS 切片图层或者 Web 切片图层。在业务图层中，要素图层(FeatureLayer)、注记图层(AnnotationLayer)等比较常见。下面简单列举比较常见的图层。常用于底图或者展现基础信息数据且较为常用的图层如下。

- ArcGIS 切片图层(ArcGISTiledLayer)：加载切片服务(或切片包)，显示地图切片。
- Web 切片图层(WebTiledLayer)：加载并显示 Web 切片数据。
- ArcGIS 矢量切片图层(ArcGISVectorTiledLayer)：加载矢量切片服务(或矢量切片

包),显示矢量切片。
- 移动底图图层(MobileBasemapLayer):加载并显示移动地图数据包中的移动底图图层。
- ArcGIS 地图影像图层(ArcGISMapImageLayer):加载地图服务,显示地图影像。
- WMS 图层(WmsLayer):加载并显示 WMS 图层。
- WMTS 图层(WmtsLayer):加载并显示 WMTS 图层。

用于场景控件(SceneView)展现三维数据的图层如下。
- ArcGIS 场景图层(ArcGISSceneLayer):加载场景服务(或场景包),显示三维场景。
- 点云图层(PointCloudLayer):加载并显示点云图层。
- 集成网格图层(IntegratedMeshLayer):加载并显示集成网格数据中的图层。

用于显示地图注记或者尺寸的图层如下。
- 注记图层(AnnotationLayer):加载并显示地图注记(Annotation)。
- 尺寸图层(DimensionLayer):加载并显示移动地图包中的尺寸要素类。

用于显示和处理要素的图层如下。
- 要素图层(FeatureLayer):加载并显示要素。
- 子类型要素图层(SubtypeFeatureLayer):加载并显示子类型要素图层。
- 要素集合图层(FeatureCollectionLayer):加载并显示要素集合。

其他比较常用的图层如下。
- Bing 地图图层(BingMapsLayer):加载 Bing 地图。
- OpenStreetMap 图层(OpenStreetMapLayer):加载并显示 OpenStreetMap(OSM)地图。
- 组合图层(GroupLayer):组合 1 个或多个图层。
- 栅格图层(RasterLayer):加载并显示栅格数据。
- KML 图层(KmlLayer):加载并显示 KML 图层。
- ENC 图层(EncLayer):加载电子航海图交换集(ENC exchange set)或海图单元(ENC Cell)。

5.2.2 通过本地数据创建图层

在 ArcGIS Pro 中,可以将数据和 GIS 模块打包成不同类型的共享包,以供其他设备使用。目前,ArcGIS Pro 支持的共享包如表 5-6 所示。

表 5-6 共享包

包	后缀名
地图包(Map Package)	mpk/mpkx
移动地图包(Mobile Map Package)	mmpk

续表

包	后缀名
场景包(Scene Package)	spk
移动场景包(Mobile Scene Package)	mspk
切片包(Tile Package)	tpk/tpkx
图层包(Layer Package)	lpk/lpkx
地理处理包(Geoprocess Package)	xk/gpkx
定位器包(Geocode Package)	gcpk

不过，ArcGIS Maps SDK 并不支持所有的共享包，目前仅支持移动地图包、移动场景包和切片包。本节介绍这些共享包和 Shapefile 数据的加载方法，创建图层并显示在地图控件上。代码所加载的示例数据文件如表 5-7 所示。

表 5-7　加载本地的测试数据

文件	后缀名
jjj.mmpk	包含京津冀范围矢量数据图层的移动地图包
jjj_region.vtpk	京津冀范围矢量切片包
ndvi.tpk	河套地区某年份 NDVI 渲染数据切片包
jjj_region.shp、jjj_region.shx 等	京津冀范围 Shapefile 数据

1. Android 的文件存储

为了能够访问所需要的数据，本节首先介绍 Android 的文件存储结构。应用程序的文件可以存储在两个目录位置：内部存储和外部存储。

（1）内部存储(Internal Dir)：按照 Android 系统的设计，该目录通常是无法被用户感知和访问的，相当于应用程序沙盒，其中的文件进能够被当前应用程序所读写，其他任何应用程序都无法干涉，如图 5-12 所示，连接计算机后也无法查看沙盒的内容。内部存储的目录为/data/data/或者/data/user/0，两者实际上是同一个目录，只不过挂载在不同位置上。

（2）外部存储(External Dir)：各个应用程序的公共区域。目录为/storage/emulated/0 或者/sdcard/，这一部分数据是共享的，当用户通过 USB 线缆连接计算机且选择文件传输时，可以浏览到这些目录中的文件。不过即使在这个外部存储中，也有一块属于应用程序的私有目录，各个应用之间彼此隔离，但是用户的访问是不受限制的。

注意　在 Windows 系统中连接手机后，外部存储的名称通常是"内部共享存储空间"。名称中的内外是相对而言的，容易引起混淆，但是实际上属于外部存储部分。

应用程序读写内部存储和外部存储的私有目录中的数据不需要任何权限，读写私有目

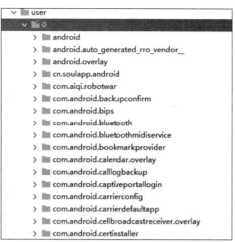

图 5-12　内部存储中各个文件的沙盒

录以外的外部存储,则需要 ContentProvider 的参与。如果将应用程序沙盒比作你家的房子,则外部存储相当于一个公司,而外部存储的私有目录相当于你的办公室。

内部存储可以通过 getDataDir()方法获取,一般处在/data/user/0/<bundle_name>/。在该目录下,还包括缓存目录(cache)、代码缓存目录(code_cache)和文件目录(files)。

外部存储私有目录一般处在/storage/emulated/0/Android/data/<bundle_name>/,该目录可通过 getExternalFilesDir(String type)方法获取,其中 type 参数是该私有目录的子目录名。另外,外部存储私有目录还包括一个缓存目录,可通过 getExternalCacheDir()方法获取。上述这些目录的获取方法及其路径如图 5-13 所示。

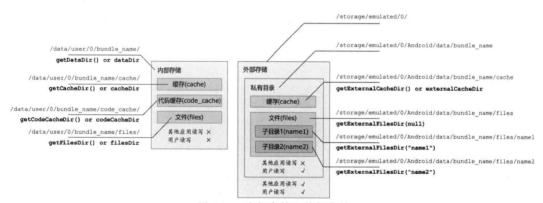

图 5-13　内部存储和外部存储

在 Layers 工程中,通过单击【输出文件位置】按钮即可输出上述目录位置,其实现的代码如下:

```
println("dataDir : " +dataDir.path)
println("cacheDir : " +cacheDir.path)
```

```
println("filesDir : " +filesDir.path)
println("codeCacheDir : " +codeCacheDir.path)
println("externalCacheDir : " +externalCacheDir!!.path)
println("getExternalFilesDir : " +getExternalFilesDir(null)!!.path)
println("getExternalFilesDir(name1) : " +getExternalFilesDir("name1")!!.path)
println("getExternalFilesDir(name2) : " +getExternalFilesDir("name2")!!.path)
```

输出的结果类似如下：

```
2022-12-22 ... I/System.out: dataDir : /data/user/0/edu.hebtu.sqlitedemo
2022-12-22 ... I/System.out: cacheDir : /data/user/0/edu.hebtu.sqlitedemo/cache
2022-12-22 ... I/System.out: filesDir : /data/user/0/edu.hebtu.sqlitedemo/files
2022-12-22 ... I/System.out: codeCacheDir : /data/user/0/edu.hebtu.sqlitedemo/code_cache
2022-12-22 ... I/System.out: externalCacheDir : /storage/emulated/0/Android/data/edu.hebtu.sqlitedemo/cache
2022-12-22 ... I/System.out: getExternalFilesDir : /storage/emulated/0/Android/data/edu.hebtu.sqlitedemo/files
2022-12-22 ... I/System.out: getExternalFilesDir : /storage/emulated/0/Android/data/edu.hebtu.sqlitedemo/files/name1
2022-12-22 ... I/System.out: getExternalFilesDir : /storage/emulated/0/Android/data/edu.hebtu.sqlitedemo/files/name2
```

当设备和 Android Studio 正常连接时，可通过 DeviceFileExplorer 窗体浏览和打开设备中的文件。

2. 使用 Assets 资源

为了让应用程序访问 jjj.mmpk 和 jjj.region.tpk 等文件，可以将数据库打包到应用的安装包（apk）文件中，具体的操作方法如下：

1) 创建 Assets 资源目录

在工程窗体中找到 app 模块，并在 app 模块上右击，选择 New→Folder→Assets Folder 创建 Assets 资源目录，此时会弹出如图 5-14 所示对话框。

单击 Finish 按钮完成创建，即可在 app 模块下找到 assets 目录，如图 5-15 所示。

注意 Assets 目录的真实位置在工程目录下的 app\src\main\assets 位置。

2) 将数据库复制到 Assets 资源目录

在 assets 目录上右击，选择 Open in→Explorer 菜单，在文件浏览器中打开目录位置。随后，将 jjj.mmpk、jjj.region.tpk 等文件复制到该目录下。返回 Android Studio，在 assets 目录上再次右击，选择 Reload from Disk 菜单，刷新目录内容，如图 5-16 所示。

图 5-14　创建 Assets 资源目录

图 5-15　找到 Assets 资源目录

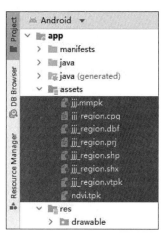

图 5-16　在 Assets 资源中添加数据库

3）将 Assets 中的文件复制到设备的外部存储

在工程中添加 copyFilesFromAssets 函数，用于将数据库复制到设备的外部存储中，方便 ArcGIS Maps SDK 的调用，代码如下：

```
//将 Assets 中的文件复制到外部存储中
private fun copyFilesFromAssets(filename : String) {
    //指定文件位置
    val file =File(getExternalFilesDir(null), "/$filename")
    //查看目标文件是否存在
    if (!file.exists()) {
        //如果不存在,则复制
        try {
```

```kotlin
            val inputStream = assets.open(filename)
            //用输出流写到特定路径下
            val fos = FileOutputStream(file)
            //创建 byte 数组,用于 1KB 写一次
            val buffer = ByteArray(1024)
            var count = 0
            while (inputStream.read(buffer).also { count = it } > 0) {
                fos.write(buffer, 0, count)
            }
            //最后关闭流
            fos.flush()
            fos.close()
            inputStream.close()
        } catch (e: IOException) {
            e.printStackTrace()
        }
    }
}
```

在 MainActivity 的 onCreate 函数中,调用上述函数,将 jjj.mmpk、jjj_region.vtpk 等文件复制外部存储,代码如下:

```kotlin
class MainActivity : AppCompatActivity() {

    override fun onCreate(savedInstanceState: Bundle?) {
        super.onCreate(savedInstanceState)
        setContentView(R.layout.activity_main)


        copyFilesFromAssets("jjj.mmpk")              //移动地图包
        copyFilesFromAssets("ndvi.tpk")              //切片包
        copyFilesFromAssets("jjj_region.vtpk")       //矢量切片包
        //shapefile
        copyFilesFromAssets("jjj_region.cpg")
        copyFilesFromAssets("jjj_region.dbf")
        copyFilesFromAssets("jjj_region.prj")
        copyFilesFromAssets("jjj_region.shp")
        copyFilesFromAssets("jjj_region.shx")
        ...
    }
    ...
}
```

每次在运行程序时都会判断在外部存储中是否存在这两个数据库。如果不存在,则将相应的数据库复制到外部存储中。

3. 共享包的加载

本节介绍移动地图包、矢量切片包和切片包的加载方法。

1) 移动地图包

在 ArcGIS Pro 的地理处理工具箱中,通过数据管理工具(Data Management Tools)→包(Package)→创建移动地图包(Create Mobile Map Package)工具即可创建移动地图包,如图 5-17 所示。

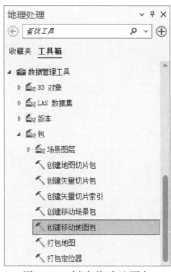

图 5-17 创建移动地图包

注意 只能在 ArcGIS Pro 1.3 以上版本制作移动地图包。

类似地,在数据管理工具→包目录下,还可以选择【创建矢量切片包】【创建地图切片包】等工具创建其他类型的共享包。本节所介绍的 jjj.mmpk、jjj_region.vtpk 和 ndvi.tpk 文件都是利用这些工具制作导出的。

通过 MobileMapPackage 类即可读取外部存储中的移动地图包文件。例如,读取上述复制在外部存储的 jjj.mmpk 文件,代码如下:

```
val mobileMapPackage =
    MobileMapPackage(getExternalFilesDir(null)?.path +"/" +"jjj.mmpk")
```

随后,需要调用该 MobileMapPackage 的 load 函数加载数据,代码如下:

```
//加载数据
mobileMapPackage.load().onSuccess {
    Log.d("MapView","移动地图包加载成功!")
    //将当前的地图替换为移动地图包中的地图
```

```
    mapView.map =mobileMapPackage.maps[0]
}.onFailure {
    Log.d("MapView", "移动地图包加载错误: ${it.message}.")
}
```

由于 load 函数返回的是 Result 类型的对象,所以这是 Kotlin 的内置数据类型。通过该对象的 onSuccess 函数和 onFeailure 函数即可监听移动地图包是否加载成功。如果加载成功,则进入 onSuccess 函数的 Lambda 表达式;反之进入 onFailure 函数的 Lambda 表达式。这是一种惯用用法,在 ArcGIS Maps SDK 中,许多对象要通过这种方式对数据的加载情况进行监听。

在上述代码中,当移动地图包加载成功后,通过 maps[0] 取得地图包中的首个地图,并将其复制给地图控件的 map 对象。可见,移动地图包可以存储多个地图。事实上,通过 ArcGIS Pro 创建移动地图包时,可以选择多个地图,那么这些地图都会被打包在同一个移动地图包中。对于 MobileMapPackage 类来讲,使用 maps 列表即可访问这些地图。

在 Layers 应用程序中,单击【加载移动地图包】按钮,即可在地图上显示地图包中所包含的京津冀范围图层,如图 5-18 所示。

图 5-18　加载移动地图包

加载移动地图包中图层的渲染效果和 ArcGIS Pro 中的渲染效果是相同的,因此使用上非常方便，可以避免在 ArcGIS Maps SDK 中做图层渲染方面的配置。

2）切片包

切片包使用 TileCache 类加载，并且 TileCache 只有一个构造函数，代码如下：

```
fun TileCache(path: String)
```

其中，path 参数用于指定切片包的具体位置。随后，将切片包对象作为参数创建 ArcGIS 切片图层（ArcGISTiledLayer）对象，并将该图层对象加入当前地图的业务图层中，代码如下：

```
//加载切片包
val tc =TileCache(getExternalFilesDir(null)?.path +"/" +"ndvi.tpk")
//创建业务图层对象 layer
val layer =ArcGISTiledLayer(tc)
//将 layer 对象加入业务图层列表中
mapView.map?.operationalLayers?.add(layer)
//定位到图层位置
mapView.setViewpoint(Viewpoint(41.1527, 107.6941, 3000000.0))
```

ArcGISTiledLayer 是专门用于加载切片的图层。通过地图对象的 operationalLayers 属性即可得到 MutableList<Layer>类型的业务图层列表。创建 ArcGISTiledLayer 类的对象 layer 后，使用 operationalLayers 的 add 函数将其加载到业务图层列表中。

在 Layers 应用程序中，单击【加载切片包】按钮，即可在地图上显示切片包中所包含的 NDVI 图层，如图 5-19 所示。

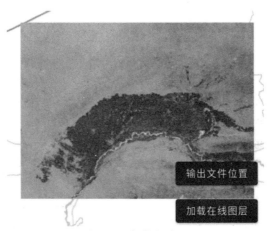

图 5-19　加载切片包

3）矢量切片包

和加载切片包类似，矢量切片包使用 VectorTileCache 类加载，同样只有一个包含 path 参数的构造函数，代码如下：

```
fun VectorTileCache(path: String)
```

加载矢量切片包的代码如下：

```
//加载矢量切片包
val vtc =VectorTileCache(getExternalFilesDir(null)?.path +"/" +
"jjj_region.vtpk")
//创建业务图层对象 Layer
val layer =ArcGISVectorTiledLayer(vtc)
//将 Layer 对象加入业务图层列表中
mapView.map?.operationalLayers?.add(layer)
//定位到图层位置
mapView.setViewpoint(Viewpoint(39.4988, 116.3578, 10000000.0))
```

与切片包加载不同的是，这里通过矢量切片图层（ArcGISVectorTiledLayer）加载矢量切片包，其他代码的功能是一样的。

在 Layers 应用程序中，单击【加载矢量切片包】按钮，即可在地图上加载矢量切片包中所包含的京津冀范围图层，如图 5-20 所示。

图 5-20　加载矢量切片包

4. 加载 Shapefile 数据

Shapefile 是美国环境系统研究所（ESRI）开发的基于简单要素模型的向量文件格式，是十分常用的向量类型。一个 Shapefile 数据仅可存储单一的要素类型（点、线、面）。

注意　Lite 许可和 Base 基础许可无法加载 Shapefile，最少需要 Standard 标准许可才可以使用该特性。

Shapefile 格式数据并不是只有单一的文件,而是由文件名相同的一系列文件组成的。Shapefile 格式数据至少具有 3 种文件。

(1) shp 文件:Shapefile 数据的主文件,用于保存各种地理要素的几何实体。

(2) shx 文件:图形索引格式文件,用于保存几何体位置索引,即记录每个几何实体在 shp 文件中的位置,能够加快向前或向后搜索一个几何实体的效率。

(3) dbf 文件:属性数据格式文件,以 dBase IV 的数据表格式存储每个几何实体的属性数据。

本节所使用的 Shapefile 数据 jjj_region 还包括用于定义控件参考的 prj 文件和用于声明编码格式的 cpg 文件。

通过 ShapefileFeatureTable 即可加载 Shapefile 的数据表,然后通过其 load 函数加载数据表中的内容;随后将数据表对象 shapefileTable 作为参数创建要素图层(FeatureLayer),最后通过地图 operationalLayers 属性的 add 方法将其加入业务图层列表中,代码如下:

```kotlin
//加载 Shapefile
lifecycleScope.launch {
    //图层位置
    val filename =getExternalFilesDir(null)?.path +"/jjj_region.shp"
    //创建 Shapefile 数据表对象
    val shapefileTable =ShapefileFeatureTable(filename)
    //加载 Shapefile 数据表对象
    shapefileTable.load().onSuccess {
        //创建图层
        val shapefileLayer =FeatureLayer
            .createWithFeatureTable(shapefileTable)
        //增加图层
        mapView.map?.operationalLayers?.add(shapefileLayer)
        mapView.setViewpoint(Viewpoint(39.4988, 116.3578, 10000000.0))
        Log.d("MapView", "Shapefile 加载成功!")
    }.onFailure {
        Log.d("MapView", "Shapefile 加载错误: ${it.message}.")
    }
}
```

在第 7 章和第 8 章中还会详细介绍要素表和要素图层的用法,其具体方法读者可参考相关章节。

在 Layers 应用程序中,单击【加载 Shapefile】按钮,即可在地图上加载 Shapefile 测试文件中所包含的京津冀范围图层,如图 5-21 所示。

要素图层(FeatureLayer)的背景默认为半透明黑色,这与之前的几个图层默认的渲染方式是不同的。

图 5-21　加载 Shapefile

5.2.3　通过在线数据创建图层

本节介绍如何加载 Portal for ArcGIS（以 ArcGIS Online 门户为例）中发布的在线图层。

1. 本地项和云端项

项（Item）用于管理 GIS 资源。依据 GIS 资源所处的位置不同，项分为本地项（LocalItem）和云端项（PortalItem）。本地项由 LocalItem 类定义，是指存储在设备本地中的项，包括 5 种基本类型，由 LocalItemType 定义，如表 5-8 所示。

表 5-8　本地项类型

类　型	描　述
MobileMap	移动地图
MobileMapPackage	移动地图包
MobileScene	移动场景
MobileScenePackage	移动场景包
Unknown	未知

在实际应用过程中，本地项用得很少。无论是加载、编辑还是存储数据，通常通过具体的类型进行操作，但是，在加载在线 GIS 资源时，云端项就非常重要了。通常，只需通过云端地址和云端项 ID 就可以加载任何发布在 Portal for ArcGIS 或 ArcGIS Online 中的公开

数据(可参考 5.1.2 节通过云端项加载地图的方法),非常方便。

云端项由 PortalItem 类定义,其构造函数如下:
- fun PortalItem(portal:Portal, type:PortalItemType)
- fun PortalItem(portal:Portal, itemId:String)
- fun PortalItem(url:String)

通常,组合使用 Portal 对象和云端项 ID(itemId)或者单独通过 URL 指定具体的 GIS 资源,一般很少指定云端类型。因为当确定了云端项 ID 时,云端类型也就确定下来了。况且云端类型(PortalItemType)有 100 多种类型,比较烦琐。

2. 创建资源

本节在 ArcGIS Online 中,以京津冀向量范围 Shapefile 数据为例介绍如何发布向量要素在线图层。读者可以在本书附带资源中找到 jjj_region.zip 文件,这是包含了同名 Shapefile 数据的压缩包。下面将该数据发布为要素服务(Feature Service)、OGC 要素图层(OGC Feature Layer)和 WFS 服务,具体步骤如下:

通过 arcgis.com 地址打开 ArcGIS Online 网站并登录。读者可以使用 2.2.1 节登录 ArcGIS 开发者网站相同的账户登录 ArcGIS Online。登录完成后,单击顶部导航栏的 Content 链接进入内容页面,如图 5-22 所示。

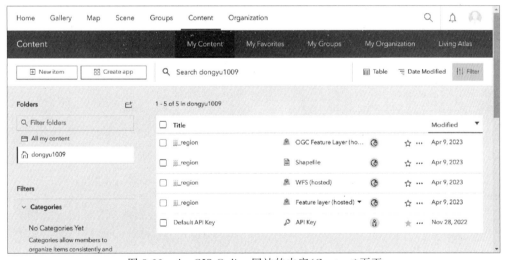

图 5-22　ArcGIS Online 网站的内容(Content)页面

在该页面中,以列表的方式列举了当前用户的所有在线资源。如果读者没有发布过任何资源,则可能只存在 Default API Key 的列表项,这是在 2.2.1 节中为调试移动 GIS 程序而创建的 API Key。

单击左上角的 New Item 按钮,此时会弹出如图 5-23 所示的对话框。

此时,可以将 jjj_region.zip 文件拖曳到该对话框中的灰色部分位置,或者单击 Your device 按钮从本地选择该文件。选择完成以后,会弹出如图 5-24 所示的对话框。

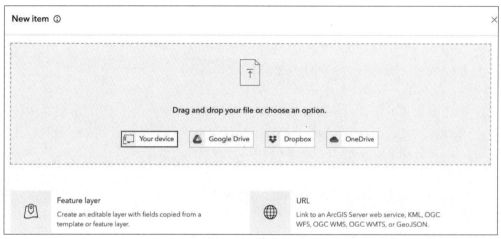

图 5-23　新建项

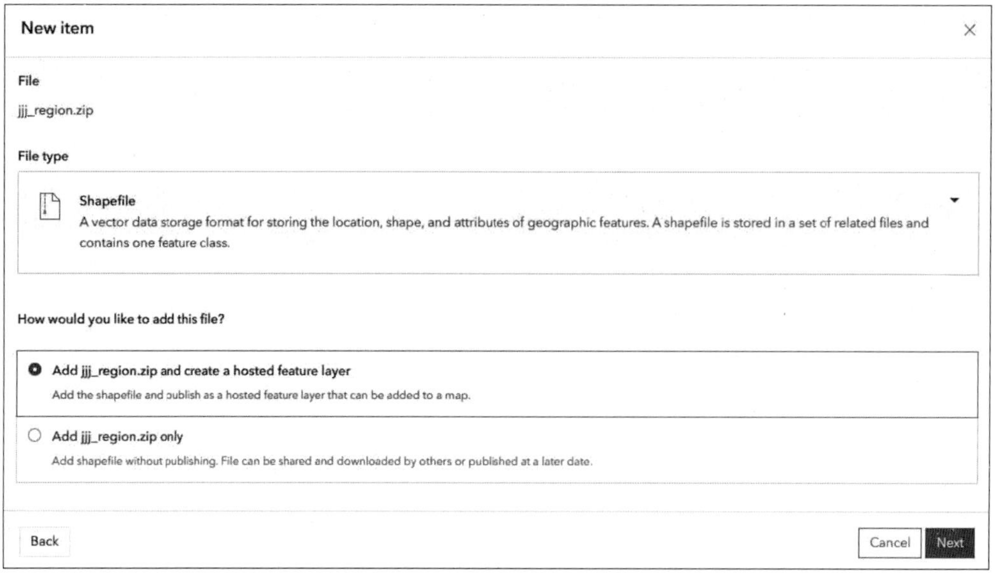

图 5-24　设置发布服务选项

在该对话框中,显示了上传文件的名称(jjj_region.shp)和类型(Shapefile)。默认选择 Add jjj_region.zip and create a hosted feature layer 选项,表示上传该文件后同时发布为要素图层。随后,需要填写该图层的元数据信息,包括标题(Title)、文件夹(Folder)、标签(Tags)和描述(Summary),如图 5-25 所示。

单击 Save 按钮后,即可在 Content 页面中查看该图层。单击该图层标题,即可查看该图层的基础信息,如图 5-26 所示。

单击 Share 按钮可改变图层访问权限,此时会弹出如图 5-27 所示的对话框。

在 Share 页面中,选择 Everyone(public)选项并单击 Save 按钮保存,此时即可将该图

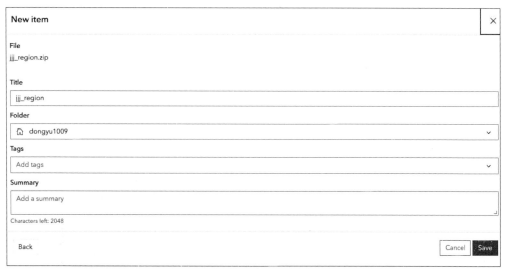

图 5-25　设置要素图层的元数据

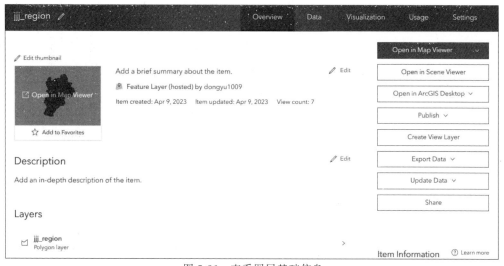

图 5-26　查看图层基础信息

层设置为公开权限。

注意　在上传数据中要特别注意数据安全，不要上传具有版权甚至涉密数据。本书附带的京津冀边界经过了脱密、简化处理，仅供学习使用。

此时，在页面的右下角 Details 栏目中找到并记录下该图层的 ItemID，如图 5-28 所示，即可在 Android Maps SDK 中使用。

在图层详细信息页面中，单击 Publish 按钮，即可弹出发布菜单。在菜单中选择 Tile

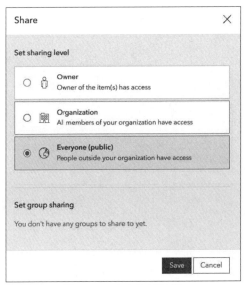

图 5-27　改变访问权限

layer、Vector Tile Layer、WFS 和 OGC Feature layer 即可分别将该数据发布为切片图层、矢量切片图层、WFS 图层和 OGC 要素图层，如图 5-29 所示。

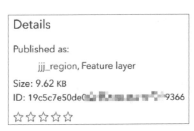

图 5-28　图层 ItemID

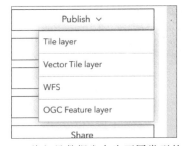

图 5-29　将矢量数据发布为不同类型的图层

另外，除了自己发布图层以外，在 ArcGIS Online 中还能找到官方或者第三方发布的各类图层可供使用。在 ArcGIS Online 主页单击 Map 链接便可进入地图浏览器（https://www.arcgis.com/apps/mapviewer/index.html），在添加图层时即可浏览到这些图层，并可以在其详情界面中查询到 ItemID，如图 5-30 所示。

3. 加载

加载图层比较简单，和 5.1.2 节中加载地图的方法类似，其基本步骤如下：

（1）创建 Portal 对象，并设置 Portal 地址。

（2）创建 PortalItem 对象，并设置云端项 ID(ItemID)。

（3）加载 PortalItem 对象。

（4）通过 PortalItem 对象创建对应类型的图层。例如，对于上述要素服务（Feature

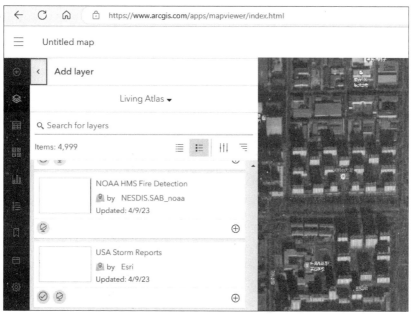

图 5-30　ArcGIS Online 中的公开数据图层

Service)来讲,需要创建要素图层 FeatureLayer。

(5) 将图层添加到地图的业务图层列表。

例如,对于上文发布的京津冀范围数据(jjj_region)来讲,加载该图层的代码如下:

```
//定义 ID
val portalItemId = "43abbdae946346e599af5398ba1eba17"
//定义 Portal 地址
val portal = Portal("https://www.arcgis.com")
//创建 PortalItem 对象
val portalItem = PortalItem(portal, portalItemId)
lifecycleScope.launch {
    //加载 PortalItem 对象
    portalItem.load().onSuccess {
        Log.d("MapView", "Portal Item 加载成功")
        //创建 FeatureLayer
        val layer = FeatureLayer.createWithItem(portalItem)
        //增加 FeatureLayer 图层
        mapView.map?.operationalLayers?.add(layer)
    }.onFailure {
        Log.d("MapView", "Portal Item 加载错误: ${it.message}")
    }
}
```

在 Layers 应用程序中,单击【加载在线图层】按钮,即可显示上述要素图层(FeatureLayer),如图 5-31 所示。

图 5-31 加载在线图层

5.3 定位功能的实现

移动设备的一大优势就是能够随时随地地获得位置信息。在 ArcGIS Maps SDK 中，通过定位显示（LocationDisplay）可以将定位信息显示在地图上。在默认情况下，定位点采用圆点表示，并在其周围用半透明蓝色圆圈显示其定位精度，如图 5-32 所示。

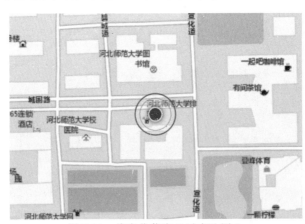

图 5-32 将定位信息显示在地图上

国内地图服务商提供的电子地图数据通常经过了偏移加密,因此定位信息无法直接叠加在地图上,而是需要加密后再叠加在地图上。本节首先介绍在地图上显示定位信息的基本方法,然后通过自定义位置数据源将定位点进行加密,以便将定位显示在国内地图服务商提供的底图服务之上。本节所涉及的代码都可以在本书附带的 LocationDisplay 工程中找到。LocationDisplay 工程只有一个 MainActivity,除了地图控件 mapView 以外,还包括【开始定位(带纠偏)】【结束定位(带纠偏)】【开始定位】【结束定位】共 4 个按钮,如图 5-33 所示。

图 5-33 LocationDisplay 应用界面

其中,【开始定位】和【结束定位】按钮用于一般定位方法,【开始定位(带纠偏)】和【结束定位(带纠偏)】按钮则是将定位信息偏移加密后再将位置信息显示在地图上。

1. 申请定位权限

在 Android 中,定位权限可以分为模糊定位权限(ACCESS_COARSE_LOCATION)和精确定位权限(ACCESS_FINE_LOCATION)。申请精确定位权限时,需要同时申请模糊定位权限。在 AndroidManifest.xml 文件中声明定位权限的代码如下:

```xml
<?xml version="1.0" encoding="utf-8"?>
<manifest xmlns:android="http://schemas.android.com/apk/res/android"
    xmlns:tools="http://schemas.android.com/tools">
    <uses-permission android:name="android.permission.INTERNET" />
    <!--申请模糊定位权限 -->
    <uses-permission
        android:name="android.permission.ACCESS_COARSE_LOCATION" />
    <!--申请精确定位权限 -->
    <uses-permission
        android:name="android.permission.ACCESS_FINE_LOCATION" />
    ...
</manifest>
```

模糊定位仅能将定位信息精确到 3 平方千米以内,精确定位则尽可能提供准确的定位,在卫星信号较好时能够提供几米以内的定位精度,这主要取决于移动设备的定位能力,以及定位时的周围环境。

> **注意** 如果应用需要在后台使用定位权限，则还需要申请后台定位权限（ACCESS_BACKGROUND_LOCATION）。

定位权限是敏感权限，除了声明定位权限以外，还需要在运行时向用户动态申请权限。通过 ActivityCompat.checkSelfPermission 函数可以判断当前是否拥有某个权限，通过 ActivityCompat.requestPermissions 函数可以申请权限。申请用户授权定位信息的代码如下：

```
    //申请定位权限
if (ActivityCompat.checkSelfPermission(
        this,
        Manifest.permission.ACCESS_FINE_LOCATION
    ) !=PackageManager.PERMISSION_GRANTED &&
    ActivityCompat.checkSelfPermission(
        this,
        Manifest.permission.ACCESS_COARSE_LOCATION
    ) !=PackageManager.PERMISSION_GRANTED
) {
    //需要申请的权限
    val reqPermissions =arrayOf(
        Manifest.permission.ACCESS_FINE_LOCATION,      //精确定位权限
        Manifest.permission.ACCESS_COARSE_LOCATION     //模糊定位权限
    )
    //如果没有授权，则通过 requestPermissions 方法等待用户授权
    ActivityCompat.requestPermissions(this@MainActivity,
            reqPermissions, 0x10010)
}
```

在上述代码中，判断用户是否对应用授权定位信息。如果没有授权，则同时申请精确定位和模糊定位权限。在运行时，当程序执行到这段代码时会弹出申请权限信息，如图 5-34 所示。

因此，即使在开发时已经为应用设计了定位功能，但是用户拥有自主选择是否授权的权力。

函数 ActivityCompat.requestPermissions 拥有 3 个参数，依次如下。

（1）activity：Activity 类型，需要传入当前 Activity 上下文对象。

图 5-34 申请定位权限界面

（2）permissions：String[]类型，需要请求的权限列表。

（3）requestCode：Int 类型，请求代码，开发者指定具体的值，用于在授权后确定授权

条件。

在授权(或者拒绝授权)后,回调到 onRequestPermissionsResult 函数中。在 Activity 中,通过复写该函数,可以实现在授权后需要执行的功能。复写函数 onRequestPermissionsResult 实现的代码类似如下:

```
override fun onRequestPermissionsResult(
    requestCode: Int,
    permissions: Array<out String>,
    grantResults: IntArray
) {
    super.onRequestPermissionsResult(requestCode,
                    permissions, grantResults)
    //通过 requestCode 定位授权条件,从而执行相应的代码
    if (requestCode ==0x10010 &&
            grantResults[0] ==PackageManager.PERMISSION_GRANTED) {
        //申请某些权限成功
    }

    if(requestCode ==0x10020 &&
            grantResults[0] ==PackageManager.PERMISSION_GRANTED){
        //申请另外一些权限成功
    }
}
```

成功申请定位权限后,即可在程序中获得用户的定位信息。

2. 显示定位

LocationDisplay 类用于在地图上显示定位,通过地图控件 MapView 的 locationDisplay 属性即可获得该类的对象。

注意 在地图控件中,有且只有一个 LocationDisplay 对象,无法通过该对象显示多个定位信息。

在地图上显示定位信息的流程如下。

(1) 将 ArcGIS Maps SDK 的上下文设置为当前应用程序上下文对象,代码如下:

```
ArcGISEnvironment.applicationContext =applicationContext
```

在同一个应用程序中,该代码执行一次即可。如果没有设置上下文对象,则无法在地图上显示定位信息。

(2) 在定位前申请定位权限,详见上文内容。

(3) 通过 LocationDisplay 对象 dataSource 属性获得其数据源对象,然后调用数据源的 start 函数即可开始定位,代码如下:

```
lifecycleScope.launch {
    mapView.locationDisplay.dataSource.start().onSuccess {
        Log.d("LocationDisplay", "定位成功!")
    }.onFailure {
        Log.d("LocationDisplay", "定位失败! ${it.message}")
    }
}
```

由于 start 函数是异步的,所以需要在新的协程定义域中执行。ArcGIS Maps SDK 提供了系统位置数据源(SystemLocationDataSource)、室内位置数据源(IndoorsLocationDataSource)等 6 种数据源,如表 5-9 所示。

表 5-9 位置数据源(LocationDataSource)

类型	描述	依赖设备
系统位置数据源 SystemLocationDataSource	通过 Android API 中的位置管理器(Location Manager)获得的位置信息作为数据源。系统位置数据源是默认的数据源	定位卫星、基站、WiFi 等
室内位置数据源 IndoorsLocationDataSource	通过室内定位系统(Indoor Positioning System,IPS)进行定位	无线信号、定位卫星、运动传感器等
路径捕捉位置数据源 RouteTrackerLocationDataSource	通过 GPS 等设备进行定位,并实现路径捕捉功能	定位卫星、基站、WiFi 等
NMEA 位置数据源 NmeaLocationDataSource	通过解析 NMEA 消息获得位置变化信息,以此进行定位	NMEA 系统
模拟位置数据源 SimulatedLocationDataSource	通过位置集合模拟位置变化。除了可以指定位置集合以外,还可以沿着 Polyline 对象生成模拟位置集合	—
自定义位置数据源 CustomLocationDataSource	由开发者通过实现 LocationProvider 接口自定义位置数据源	—

LocationDisplay 对象的默认数据源为系统位置数据源,即以卫星定位为主,以基站、WiFi 信息为辅的方式进行定位。类似地,通过数据源对象的 stop 函数即可结束定位,代码如下:

```
lifecycleScope.launch {
    mapView.locationDisplay.dataSource.stop().onSuccess {
        Log.d("LocationDisplay", "结束定位成功!")
    }.onFailure {
        Log.d("LocationDisplay", "结束定位失败! ${it.message}")
    }
}
```

读者可以在本书附带的 LocationDisplay 工程中,单击【开始定位】和【结束定位】分别在地图上显示和关闭定位。这种方式获得的坐标是 WGS 1984 坐标系下的坐标,但是,国内地图提供商往往采用 GCJ-02 作为其地理坐标系,因此在地图上显示的位置通常有几百米的偏移。

3. 定位的加密显示

为了解决上述问题,需要对定位信息进行加密,即将 WGS 1984 坐标转换为 GCJ-02 坐标,以便准确地定位在地图上。GCJ-02 是由中国国家测绘局在 2002 年定义的地理坐标系统,其目的是对国内的电子地图进行加密,提高相关地理数据的安全性。GCJ-02 坐标系下的坐标是在 WGS 1984 坐标系的基础之上,通过非线性变换得到的坐标系统。由于这种非线性变化是不可逆的,因此 WGS 1984 坐标能够精确地转换为 GCJ-02 坐标,但是 GCJ-02 坐标无法反算到 WGS 1984 坐标,这也是 GCJ-02 坐标系加密的目的。

下面介绍加密显示定位的步骤。

1)使用坐标转换函数

在本书附带的 LocationDisplay 工程中,提供了 CoordinateUtils 类,其中 transformWGS84ToGCJ02 函数和 transformGCJ02ToWGS84 函数分别提供了坐标在 WGS 1984 和 GCJ-02 坐标系之间的转换方法。不过,在将 GCJ-02 转换为 WGS 1984 坐标系时,采用的是近似方法,其原理是将待转换的 GCJ-02 坐标视作 WGS 1984 坐标,计算两个坐标之间的差值 Δ,然后在 GCJ-02 坐标中减去这个差值 Δ 得到其近似的 WGS 1984 坐标。

注意 因为 GCJ-02 坐标系下的坐标是加密的,因此并不是真实的地理坐标,被大众形象地称为"火星坐标"。除了 GCJ-02 坐标系以外,还有在 GCJ-02 的基础上进一步加密的坐标系统,如百度的 DB-09 坐标系等,以进一步提高地理信息的安全性。

2)通过定位管理器获得当前位置

在 Android API 中,定位管理器(LocationManager)可以用于获取、订阅地理位置。通过 getSystemService(Context.LOCATION_SERVICE) 函数接口获得定位管理器,代码如下:

```
val LocationManager =getSystemService(Context.LOCATION_SERVICE)
                                              as LocationManager
```

随后,即可通过 LocationManager 的 getLastKnownLocation 函数获取最后一次定位的位置;通过 requestLocationUpdates 函数订阅位置更新。requestLocationUpdates 函数包含有以下 4 个参数。

(1)provider:String 类型,定位提供者,由 LocationManager 的静态字符串定义,包括混合定位(FUSED_PROVIDER)、GPS 定位(GPS_PROVIDER)、网络定位(NETWORK_PROVIDER)、被动定位(PASSIVE_PROVIDER)。被动定位是指不主动获得定位信息,而是使用目前设备中原本存在的定位信息(可能由其他应用定位或者不久前的定位信息)。

(2)minTimeMs:Long 类型,定位的最短间隔,单位为毫秒。

（3）minDistanceM：Float 类型，定位的最短距离，单位为米。

（4）listener：LocationListener 类型，定位监听器，用于监听定位变化。定位监听器 LocationListener 定义了用于接收定位信息的 onLocationChanged 回调函数。

为了实时更新当前位置，在 MainActivity 中定义定位管理器（mLocationManager）、当前定位（mLocation）和定位监听器（mLocationListener）成员变量，代码如下：

```kotlin
//定位管理器
private lateinit var mLocationManager: LocationManager
//当前定位
private var mLocation: android.location.Location? = null
//定位监听器
    private val mLocationListener = object : LocationListener {
        override fun onLocationChanged(
                    location: android.location.Location) {
            //每次位置变化时将新的位置赋值给 mLocation
            mLocation = location
        }
    }
```

每次定位监听器 mLocationListener 得到位置信息后会赋值到成员变量 mLocation 中。

最后，获取定位权限后，初始化定位管理器 mLocationManager、定位 mLocation 对象，并通过 mLocationManager 的 requestLocationUpdates 函数开始监听定位更新，代码如下：

```kotlin
//获取定位管理器
mLocationManager = getSystemService(Context.LOCATION_SERVICE)
        as LocationManager
    //获取当前位置
    mLocation = mLocationManager
            .getLastKnownLocation(LocationManager.GPS_PROVIDER)
    //请求位置更新
mLocationManager.requestLocationUpdates(
        LocationManager.GPS_PROVIDER,
        1000,
        0.0f,
        mLocationListener
    )
```

在上述代码中，使用 GPS 进行定位，并且定位最小时间间隔为 1s，最小距离为 0m，此时更新定位不受距离变化的限制。

3）实现自定义数据源，更新显示定位

为了处理定位坐标，无法使用默认的系统定位数据源（SystemLocationDataSource），而是使用自定义定位数据源（CustomLocationDataSource）。自定义定位数据源提供了 LocationProvider 接口，开发者可以实现该接口对位置进行自定义。LocationProvider 接口的定义如下：

```
public interface LocationProvider {
    //航向数据流
    public abstract val headings: Flow<Double>
    //位置数据流
    public abstract val locations: Flow<Location>
}
```

为了简化代码，可以使用匿名内部类的方式实现 LocationProvider 接口，并同步创建 CustomLocationDataSource 对象，代码如下：

```
//初始化自定义位置数据源
mCustomLocationDataSource =CustomLocationDataSource {
    object : CustomLocationDataSource.LocationProvider {
        override val locations: Flow<Location> =flow {
            while(true) {
                if (mLocation ==null) {
                    continue
                }
                //将 WGS 1984 坐标转换为 GCJ-02 坐标
                val res =CoordinateUtils.transformWGS84ToGCJ02(
                    mLocation!!.longitude,
                    mLocation!!.latitude)
                emit(
                    //创建坐标对象
                    Location.create(
                        Point(res[0], res[1], SpatialReference.wgs84()),
                        mLocation!!.accuracy.toDouble(),
                        mLocation!!.verticalAccuracyMeters.toDouble(),
                        mLocation!!.speed.toDouble(),
                        mLocation!!.bearing.toDouble(),
                        false
                    )
                )
                delay(1000)
            }
        }
        override val headings: Flow<Double> =flow {
            emit(0.0)
        }
    }
}
```

在实现 LocationProvider 接口的匿名内部类内部，着重实现了位置数据流对象 locations：在 flow 代码块中，通过每次循环间隔 1s 的 while 死循环对定位 mLocation 成员变量进行处理，将 WGS 1984 坐标转换为 GCJ-02 坐标，然后通过 emit 函数创建并输出 Location 对象。

最后，设置当前地图控件 LocationDisplay 自动平移模式，并将自定义位置数据源设置为当前地图控件 LocationDisplay 的数据源，代码如下：

```
//定义自动平移模式
mapView.locationDisplay.setAutoPanMode(LocationDisplayAutoPanMode.Navigation)
//将当前地图的位置数据源设置为自定义位置数据源
mapView.locationDisplay.dataSource =
    mCustomLocationDataSource as CustomLocationDataSource
```

自动平移模式用于定义地图视图范围对位置更改的反映，几种不同的自动平移模式如表 5-10 所示。

表 5-10　自动平移模式（LocationDisplayAutoPanMode）

类　　型	描　　述
Off	关闭，不自动改变地图范围
Recenter	当定位变化时，改变视图范围使定位点移动至地图中心
Navigation	当定位变化时，改变视图范围使定位点移动至地图控件底部附近，并旋转地图使用户面向行进方向
CompassNavigation	当定位变化时，改变视图范围使定位点移动至地图中心，并旋转地图使其与真实世界中的方向保持对齐

读者可以在本书附带的 LocationDisplay 工程中，单击【开始定位（带纠偏）】和【结束定位（带纠偏）】分别在地图上显示和关闭定位，即可将当前位置准确地定位在地图上。

上述这种定位方式只使用了卫星定位信息，而没有利用基站、WiFi 等辅助定位信息。在实际的业务系统中，混合定位能够提供更加精准的位置信息，但是，混合定位相对复杂，一些网络服务提供商（如百度、高德、Google Play）提供的混合定位服务更加精准，通过相应的混合定位 API 配合 ArcGIS Maps SDK 可以更加精准地定位。

5.4　本章小结

本章介绍了地图控件的基本用法，并实现加载来源于本地和云端上的数据图层。通过对本章的学习，读者已经具备开发地图应用程序的基本能力了，可以尝试自行创建所需的数据源，并在 ArcGIS Maps SDK 中加载它们。

在地图上显示定位是非常实用的，不过 LocationDisplay 并不一定用来显示当前设备的位置信息，也可以用于显示任何实体的定位。例如，通过 NmeaLocationDataSource 数据源显示 NEMA 协议数据，或者通过自定义位置数据源（CustomLocationDataSource）显示无人机的位置信息等都是非常棒的想法。

5.5 习题

(1) 简述地图控件、地图、底图、图层、业务图层的关系。

(2) 自行设定主题,开发一个具有地图浏览、图层管理和定位功能的应用程序。

第 6 章 图形和符号化

在研究具体问题时,通常会对各种地理要素(地物和地理现象)进行抽象,并通过向量模型或者栅格模型表述地理要素的空间位置特征和属性特征。在向量模型下,这些空间位置特征被描述为点、线、面等几何体(Geometry),而属性特征被描述为一条记录(Record)。如果对同质的地理要素进行结构化处理,则由几何体和属性构成要素(Feature),并且多个要素组成要素表(Feature Table),而单独的几何体、属性和符号则可以构成图形(Graphic)。要素和图形在组成上的区别如图 6-1 所示。

图 6-1 要素和图形

这里要素所谓的"结构化的属性",指在同一个要素表中的所有要素属性具有相同的结构。图形可以直接通过图形叠加层(Graphics Overlay)显示在地图上,而要素表,则需要通过要素图层经过渲染后才可以显示在地图上。本章主要介绍图形、几何体、符号的基本用法,第 7 章将详细介绍要素、要素表和要素图层。

本章的核心知识点如下:
- 几何体和几何体工具类
- 图形和图形叠加层
- 符号和渲染器
- 几何体绘制

6.1 几何体和图形

为了在地图上显示图形,首先需要创建图形叠加层并将其添加到地图控件中。图形叠加层可以通过 GraphicsOverlay 类直接创建。随后,即可通过地图控件的 graphicsOverlays 数组(MutableList<GraphicsOverlay>类型)的 add 函数添加到地图控件中,代码如下:

```
//定义图形叠加
val graphicsOverlay = GraphicsOverlay()
//增加图形叠加
mapView.graphicsOverlays.add(graphicsOverlay)
```

如果需要将不同类型的图形添加到不同的图形叠加层中,则可以创建多个 GraphicsOverlay 对象,并按照上述方法添加到地图控件 graphicsOverlays 数组中。和其他类型的图层(底图、业务图层)一样,该数组中图形叠加层的顺序就是在地图上显示的顺序。

随后,即可在图形叠加层中添加具体的图形了。例如,增加一个点图形,代码如下:

```
//创建点几何体
val point = Point(114.516049, 37.997048, SpatialReference.wgs84())
//创建简单标记符号
val simpleMarkerSymbol = SimpleMarkerSymbol(
    SimpleMarkerSymbolStyle.Circle,         //圆形标记
    Color.red,                              //红色
    10f)                                    //尺寸:10
//创建图形
val graphic = Graphic(point, simpleMarkerSymbol)
//将图形添加到图形叠加层中
graphicsOverlay.graphics.add(graphic)
```

上述代码的显示效果如图 6-2 所示。

通过上述代码可以看出,在地图控件中显示图形的基本流程如下:

(1) 创建并将图形叠加层添加到地图控件中。

(2) 创建几何体。

(3) 创建符号。

(4) 通过几何体、符号和属性(可选)创建图形。

(5) 将图形添加到图形叠加层中。

图 6-2　显示点图形

本节将介绍几种重要的对象:几何体、图形和图形叠加层。由于符号的类型众多,其用法将在 6.1 节中详细介绍。本节所涉及的代码都可以在本书附带的 GraphicsOverlay 工程中找到。GraphicsOverlay 工程只有一个 MainActivity,除了地图控件 mapView 以外,还包括【缓冲区】【标注图形】【清除选择】【选择图形】【清理图形】【显示图形】共 6 个按钮,如图 6-3 所示。

其中,【显示图形】和【清理图形】按钮用于介绍几何体的定义,【选择图形】和【清除选择】按钮则可以选择和取消选择图形叠加层中所有的图形,通过【标注图形】按钮可添加几个标注的图形,单击【缓冲区】按钮可以通过几何体生成缓冲区。

图 6-3　GraphicsOverlay 应用界面

6.1.1　几何体

几何体（Geometry）也称为几何对象，可以通过一系列坐标的方式表示地理要素的位置信息。在 ArcGIS Enterprise 中，提供了 5 种类型的几何体，分别是点（Point）、线（Polyline）、面（Polygon）、多点（Multipoint）和最小包络矩形（Envelope）。在 ArcGIS Maps SDK for Kotlin 中，也提供了这些几何体的类型，如图 6-4 所示。

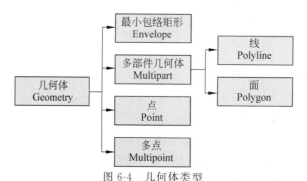

图 6-4　几何体类型

可见，所有几何体类型都直接或间接地继承于 Geometry 类，并且为线和面设计了共同的基类：多部件几何体（Multipart），用于定义 getParts()等共有成员。

另外，ArcGIS Maps SDK 还为这些不同的几何体设计了建造者 Builder 类，如图 6-5 所示。这些 Builder 类对于创建复杂的几何体对象非常有用。

下面分别介绍这些几何体的创建方法。在 GraphicsOverlay 应用中，单击【显示图形】按钮，即可弹出如图 6-6 所示的对话框。单击任意一个选项即可添加相应的几何体图形。

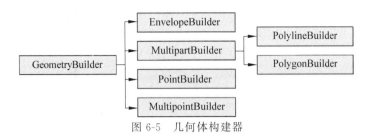

图 6-5 几何体构建器

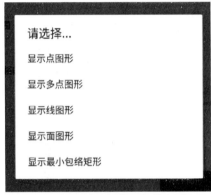

图 6-6 显示不同的几何体图形

1. 点和多点

下面介绍点和多点的基本用法。

1）点

点(Point)具有一个确切的单独的地理位置,拥有以下属性。

- x:Double 类型,表示 x 坐标。
- y:Double 类型,表示 y 坐标。
- m:Double? 类型,表示测量值(可选),其物理意义可以由开发者自定义。
- z:Double? 类型,表示 z 坐标(可选),可以用于表示高程。

可以通过以下构造方法创建点的对象。

- fun Point(x:Double, y:Double, z:Double, spatialReference:SpatialReference?=null)
- fun Point(x:Double, y:Double, spatialReference:SpatialReference?=null)
- fun Point(x:Double, y:Double, z:Double? = null, m:Double?=null, spatialReference: SpatialReference?=null)

例如,创建 WGS 1984 坐标系下且坐标为(114.516049,37.997048)的点,代码如下:

```
val point =Point(114.516049, 37.997048, SpatialReference.wgs84())
```

上述点对象经过图形渲染后显示在地图上的效果如图 6-2 所示。

2) 多点

多点(Multipoint)由多个点组合而成的独立几何体,其构造函数如下:

```
fun Multipoint(points: Iterable<Point>, spatialReference: SpatialReference?=null)
```

其中,points 参数可以通过列表的方式用于指定多个点对象。例如,创建由 3 个点组成的多点对象,代码如下:

```
//创建 3 个点
val p1 = Point(114.516000, 37.997048)
val p2 = Point(114.516000, 37.997200)
val p3 = Point(114.516149, 37.997200)
//创建多点几何体
val multipoint = Multipoint(listOf(p1, p2, p3), SpatialReference.wgs84())
```

上述多点对象经过图形渲染后显示在地图上的效果如图 6-7 所示。

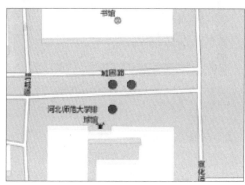

图 6-7 多点(Multipoint)

多点对象可以转换为多个点对象。通过多点的 points 属性即可获得点集合 (PointCollection)对象,随后即可通过该集合对象遍历多点中的点。

2. 线

线(Polyline)是由多个点组成的折线。在 ArcGIS Maps SDK 中,还可以将 Polyline 设置为曲线,不过应用较少。可以通过一系列的点组合成线几何体,其构造函数如下:

```
fun Polyline(points: Iterable<Point>, spatialReference: SpatialReference?=null)
```

其中,points 属性中的点几何体为组成线的点,其中点的数量至少为两个。如果点数少于两个,则虽然也能够创建线对象,但是无法正常显示在地图控件上。例如,创建包含 3 个点的线对象,代码如下:

```
//创建 3 个点
val p1 = Point(114.514010, 37.997048)
val p2 = Point(114.515000, 37.996200)
```

```
val p3 =Point(114.516149, 37.997200)
//创建多点几何体
val polyline =Polyline(listOf(p1, p2, p3), SpatialReference.wgs84())
```

通过 PolylineBuilder 构建器创建线几何体更加方便,此时无须单独创建多个点对象,代码如下:

```
//通过 Builder 创建线几何体
val polylineBuilder =PolylineBuilder(SpatialReference.wgs84()) {
    addPoint(114.514010, 37.997048)
    addPoint(114.515000, 37.996200)
    addPoint(114.516149, 37.997200)
}
val polyline =polylineBuilder.toGeometry()
```

上述线对象经过图形渲染后显示在地图上的效果如图 6-8 所示。

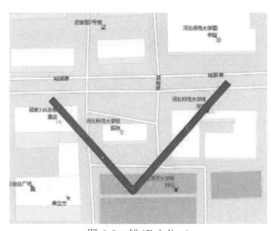

图 6-8　线(Polyline)

线几何体可以是多部件的,相应的构造函数如下:

```
fun Polyline(mutableParts: Iterable<MutablePart>)
```

其中,mutableParts 属性可以是包含了多个部件的列表。例如,创建包含 3 个部件的线几何体,代码如下:

```
//部件1
val part1 =MutablePart(SpatialReference.wgs84())
part1.apply{
    addPoint(114.514000, 37.997200)
    addPoint(114.515000, 37.996200)
    addPoint(114.516000, 37.997200)
}
```

```
//部件 2
val part2 =MutablePart(SpatialReference.wgs84())
part2.apply{
    addPoint(114.516500, 37.997800)
    addPoint(114.515500, 37.997800)
}
//部件 3
val part3 =MutablePart(SpatialReference.wgs84())
part3.apply{
    addPoint(114.514500, 37.997800)
    addPoint(114.514000, 37.998000)
    addPoint(114.513500, 37.997800)
}
//创建多部件线几何体
val polyline =Polyline(listOf(part1, part2, part3))
```

上述线对象经过图形渲染后显示在地图上的效果如图 6-9 所示。

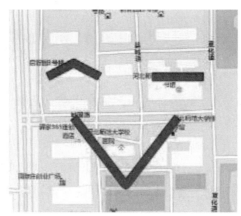

图 6-9 多部件线几何体

注意 需要注意 Multipart 和 MutablePart 的区别，前者是 Polyline 和 Polygon 的父类，而后者则是 Polyline 或 Polygon 的组成部分。

3. 面

面（Polygon）的构造函数如下：

- fun Polygon(mutableParts：Iterable＜MutablePart＞)
- fun Polygon（points：Iterable＜Point＞，spatialReference：SpatialReference？＝ null)

其用法和线几何体类似，类似地可以使用 PolygonBuilder 构建面几何体，这里不再赘述。不过需要注意的是，至少需要 3 个点才能组成正常的面，否则无法正常显示在地图上。

通过 PolygonBuilder 创建一个包含 4 个点的面,代码如下:

```
//通过 Builder 创建面几何体
val polygonBuilder = PolygonBuilder(SpatialReference.wgs84()) {
    addPoint(114.510000, 37.995000)
    addPoint(114.510000, 37.997000)
    addPoint(114.512000, 37.997000)
    addPoint(114.512000, 37.995000)
}
val polygon = polygonBuilder.toGeometry()
```

上述面对象经过图形渲染后显示在地图上的效果如图 6-10 所示。

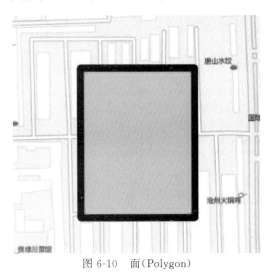

图 6-10　面(Polygon)

注意　通过地图控件的 visibleArea 属性可以获得当前可见地图范围形成的面对象。

4. 最小包络矩形

最小包络矩形(Envelope)是通过 4 个坐标值组成的矩形范围,包括 x 最小值(xMin)、x 最大值(xMax)、y 最小值(yMin)和 y 最大值(yMax)。最小包络矩形通常用于指示某个范围,其构造函数如下:

- fun Envelope(min: Point, max: Point)
- fun Envelope(center: Point, width: Double, height: Double, depth: Double? = null)
- fun Envelope(xMin: Double, yMin: Double, xMax: Double, yMax: Double, zMin: Double? = null, zMax: Double? = null, mMin: Double? = null, mMax: Double? = null, spatialReference: SpatialReference? = null)

通过任何几何体对象的 extent 属性也可以获得其最小包络矩形。例如,获取线要素

Polyline 的最小包络矩形对象,代码如下:

```
val envelope = polyline.extent
```

对于上文介绍的线要素来讲,其最小包络矩形经过图形渲染后显示在地图上的效果如图 6-11 所示。

图 6-11　线几何体的最小包络矩形

另外,通过图层的 getFullExtent()函数即可获得一个图层的 Envelope,可以用于图层的定位。例如,显示 layer 图层的整体范围,代码如下:

```
//获取图层 layer 的最小包络矩形
val envelope = layer.getFullExtent()
//定位到最小包络矩形 envelope,并留出 20dp 的边距
mapView.setViewpointGeometry(envelope, 20.0)
```

可以发现,上述几何体中均包含范围(extent)和空间参考(spatialReference)属性,这些属性是由 Geometry 类定义的。除了这些属性以外,Geometry 类还定义了如下属性。

(1) dimension：GeometryDimension 类型,用于获取几何体的维度,包括 Point、Curve、Area、Volume 和 Unknown 等几种类型。一般来讲,当几何对象为点或者多点时,维度为 Point;当几何对象为线时,维度为 Area;当几何对象为面时,维度为 Area 或 Volume,这取决于几何体是否包含 Z 值。

(2) hasCurves：Boolean 类型,判断几何体是否包含曲线。

(3) hasM：Boolean 类型,判断几何体是否包含 M 值。

(4) hasZ：Boolean 类型,判断几何体是否包含 Z 值。

(5) isEmpty：Boolean 类型,判断几何体是否为空。

通过以下代码可以创建一个空的几何体:

```
Geometry.fromJsonOrNull("")
```

另外,fromJsonOrNull 函数还可将 GeoJSON 格式的文本转换为几何体对象。

几何体是空间信息的最小组成单元,其创建和相关操作方法都是非常常用的。通过几何体工具类 GeometryEngine 可以对几何对象进行处理，并实现简单的空间分析，详见 6.4 节的相关内容。

6.1.2 几何体工具类

几何体的工具类（GeometryEngine）由一系列的静态成员函数操作。可以实现简单的空间分析功能，其常用的函数如表 6-1 所示。

表 6-1 几何体工具类的常用函数

函　　数	描　　述
area(Envelope envelope)	计算 Envelope 的面积
area(Polygon polygon)	计算 Polygon 的面积
length(Polyline polyline)	计算 Polyline 的长度
bufferOrNull(Geometry geometry，double distance)	生成缓冲区
boundary(Geometry geometry)	获取一个几何体的最小外包矩形
contains(Geometry container，Geometry within)	判断几何体的包含关系
equals(Geometry geometry1，Geometry geometry2)	判断几何体是否相同
project(Geometry geometry，SpatialReference spatialReference)	投影几何体
simplify(Geometry geometry)	简化几何体

下面以计算长度和缓冲区为例，介绍 GeometryEngine 的用法。

1. 计算长度

通过 length 函数计算线几何体的长度，代码如下：

```
val polylineBuilder = PolylineBuilder(SpatialReference.wgs84()) {
    addPoint(114.514000, 37.997200)
    addPoint(114.515000, 37.996200)
    addPoint(114.516000, 37.997200)
}
val polyline = polylineBuilder.toGeometry()
//计算线几何体的长度
val length = GeometryEngine.length(polyline)
Log.v("GeometryEngine", "线几何体的长度为${length}")
```

上述代码创建了包含 3 个节点的 Polyline，通过 length 函数计算其长度，并输出在 Logcat 中，输出的结果类似如下：

```
GeometryEngine: 线几何体的长度为 0.002828427124749647
```

2. 缓冲区

对于上述 Polyline，通过 bufferOrNull 函数生成缓冲区，代码如下：

```
//对线几何体生成缓冲区
val buffer = GeometryEngine.bufferOrNull(polyline, 0.0001)
    ?: return@setOnClickListener
```

随后，将生成的 buffer 几何体显示在地图上。在 GraphicsOverlay 应用中，单击【缓冲区】按钮，对 Polyline 生成缓冲区并显示在地图上，其效果如图 6-12 所示。

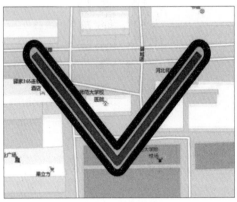

图 6-12　生成缓冲区

6.1.3　图形和图形叠加层

本节介绍图形和图形叠加层的更多用法。

1. 图形

图形(Graphic)由几何体(Geometry)、符号(Symbol)和属性(Attributes)组成。图形通常用于提示(Highlighting)、绘制(Draw)等功能。例如，提示某个要素，或者绘制轨迹、绘制查询范围等，因此，图形通常是临时创建的，其数据通常属于非数据库存储数据或者非持久化数据。这也就是为什么图形叠加层属于地图控件的属性而不是地图的属性。图形的构造函数如下：

- fun Graphic(geometry: Geometry?, symbol: Symbol?)
- fun Graphic(geometry: Geometry? = null, attributes: Map<String, Any?> = emptyMap(), symbol: Symbol? = null)

从构造函数上看，对于组成图形的 3 部分，除了属性是可选的以外，几何体和符号也可以为空。只不过，缺失几何体或符号的图形不能在地图控件上显示出来。

图形的属性是 MutableMap<String, Any?> 类型的键-值对，其中值可以是任意类型。例如，创建包括两个属性的图形，代码如下：

```
//创建点几何体
val point = Point(114.516049, 37.997048, SpatialReference.wgs84())
//创建简单标记符号
```

```
val simpleMarkerSymbol =SimpleMarkerSymbol(
    SimpleMarkerSymbolStyle.Circle,         //圆形标记
Color.red,                                  //红色
10f)                                        //尺寸:10
//属性
val attr =mapOf("location" to 220, "time" to "20230504")
//创建图形
val graphic =Graphic(point, attr, simpleMarkerSymbol)
```

2. 图形叠加层

图形叠加层（GraphicsOverlay）上可以随意增添各类图形，可以同时存在点、线、面等各类几何体组成的图形，其属性也可以是非结构化的，非常灵活。图形叠加层的构造函数如下：

```
fun GraphicsOverlay(graphics: Iterable<Graphic> =emptyList(), renderingMode:
GraphicsRenderingMode =GraphicsRenderingMode.Dynamic)
```

1) 渲染模式

图形叠加层有两种基本的渲染模式，静态渲染（STATIC）和动态渲染（DYNAMIC）。渲染模式由 GraphicsRenderingMode 类中的两个常量定义。设置图形叠加层的代码如下：

```
//动态渲染模式
graphicsOverlay.renderingMode =GraphicsRenderingMode.Dynamic
//静态渲染模式
graphicsOverlay.renderingMode =GraphicsRenderingMode.Static
```

动态渲染模式是默认的，此时所有的图形都会被加载在内存中，在平移和缩放时，能够更加迅速地显示各种图形。动态渲染模式在处理较多的图形时会占用过多的内存空间，可能存在内存溢出的风险。

在静态渲染模式下，只有当用户手动改变地图显示范围（平移或缩放）时才会更新数据内容，可以节省内存资源，特别是当图形非常多时非常有用。

2) 常用属性

和业务图层类似，图形叠加层拥有显示范围、可见性等属性设置，如表 6-2 所示。

表 6-2 图形叠加层的常用属性

属性	类型	描述
id	String	图形叠加层 ID，默认为空字符串
isVisible	Boolean	图形叠加层可见性，默认值为 true
opacity	Float	图形叠加层透明度
extent	Envelope?	图形叠加层四至范围

续表

属性	类型	描述
minScale	Double?	显示的最小比例尺
maxScale	Double?	显示的最大比例尺
graphics	MutableList\<Graphic\>	图形列表
selectedGraphics	List\<Graphic\>	当前选择的图形列表
labelsEnabled	Boolean	是否开启标注
labelDefinitions	MutableList\<LabelDefinition\>	标注定义

开发者可以操作 graphics 属性，从图形叠加层中添加、删除图形。例如，移除图形叠加层 graphicsOverlay 中所有的图形，代码如下：

```
graphicsOverlay.graphics.clear()
```

下文介绍图形选择和标注的基本用法。

3）图形选择

通过以下函数可以选择或取消选择图形。

（1）fun selectGraphics(graphics: Iterable\<Graphic\>)：选择指定的图形。

（2）fun unselectGraphics(graphics: Iterable\<Graphic\>)：取消选择指定的图形。

（3）fun clearSelection()：取消选择所有的图形。

被选择的图形会被高亮地显示在地图上。例如，选择图形叠加层中所有的图形，代码如下：

```
graphicsOverlay.selectGraphics(graphicsOverlay.graphics)
```

在该语句中，通过图形叠加层的 graphics 属性获取其所有图形，然后将其作为 selectGraphics 函数的参数选择这些图形。

例如，上文介绍的线图层被选择后的显示效果如图 6-13 所示。

图 6-13　选择图形（线几何体）

清除选择也非常简单,直接调用 clearSelection 函数即可,代码如下:

```
graphicsOverlay.clearSelection()
```

4)标注

图形可以通过属性标注(Label),标注图形需要满足以下条件:

(1) 通过图形叠加层的 labelsEnabled 属性开启标注。

(2) 通过图形叠加层的 labelDefinitions 属性设置了标注定义对象。

开启标注的代码如下:

```
/开启标注
graphicsOverlay.labelsEnabled = true
```

在 labelDefinitions 属性中可以添加多个标注定义,标注定义的构造函数如下:

```
fun LabelDefinition(labelExpression: LabelExpression, textSymbol: TextSymbol?)
```

其中,textSymbol 用于定义标注的符号,而 labelExpression 定义了标注表达式。标注表达式(LabelExpression)可以分为以下 3 种类型。

(1) ArcadeLabelExpression:通过 Arcade 标注表达式设置标注。读者可参见 https://links.esri.com/arcade 了解 Arcade 脚本语言的用法。

(2) SimpleLabelExpression:简单标注表达式,可以标注为固定的字符串。

(3) WebmapLabelExpression:通过 Webmap 标注表达式设置标注。

这里使用 ArcadeLabelExpression 设置标注定义,代码如下:

```
//创建文本符号
val textSymbol = TextSymbol().apply {
    size = 12f                    //字体大小
color = Color.black               //字体颜色
haloColor = Color.white           //边框颜色
haloWidth = 2f                    //边框大小
}
//标注内容
val arcadeLabelExpression =
    ArcadeLabelExpression("\$feature.name")

//设置标注定义
graphicsOverlay.labelDefinitions.add(
    LabelDefinition(arcadeLabelExpression, textSymbol))
```

在上述代码中,"$feature.name"表示使用图形(或要素)的 name 属性作为标注的内容。需要说明的是,由于 Arcade 脚本语言并没有区分要素和图形类型,所以这里使用

feature 指代图形对象。

随后，在图形叠加层中添加几个点几何要素的图形，并为其设置 name 属性，代码如下：

```kotlin
//创建简单标记符号
val simpleMarkerSymbol = SimpleMarkerSymbol(
    SimpleMarkerSymbolStyle.Circle,          //圆形标记
Color.black,                                  //黑色
10f)                                          //尺寸:10
//公共教学楼
val point1 = Point(114.520247, 37.996140,
    SpatialReference.wgs84())
val graphic1 = Graphic(point1, mapOf("name" to "公共教学楼"),
    simpleMarkerSymbol)
graphicsOverlay.graphics.add(graphic1)
//地理科学学院
val point2 = Point(114.521186, 37.997872,
    SpatialReference.wgs84())
val graphic2 = Graphic(point2, mapOf("name" to "地理科学学院"),
    simpleMarkerSymbol)
graphicsOverlay.graphics.add(graphic2)
//体育场
val point3 = Point(114.515712, 37.994707,
    SpatialReference.wgs84())
val graphic3 = Graphic(point3, mapOf("name" to "体育场"),
    simpleMarkerSymbol)
graphicsOverlay.graphics.add(graphic3)
```

上述代码执行后即可在地图上找到这些被标注的图形，如图 6-14 所示。

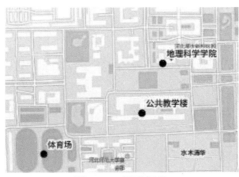

图 6-14　图形标注

在上文中，使用了一些简单符号，如简单标记符号（SimpleMarkerSymbol）、简单线符号（SimpleLineSymbol）、文本符号（TextSymbol）等。在 6.2 节中，将详细介绍这些符号的用法。

6.2 符号化

符号化(Symbolization)是利用符号将地理事物或现象抽象化,是地图制图中必备的操作。本节介绍常用的符号及常用的渲染器的使用方法。

6.2.1 符号

符号(Symbol)依据渲染对象的不同分为标记符号(MarkerSymbol)、线符号(LineSymbol)、填充符号(FillSymbol)、场景符号(SceneSymbol)等,如图 6-15 所示。

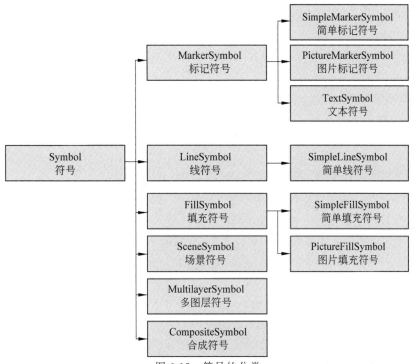

图 6-15 符号的分类

本节介绍常用的几种符号,包括简单标记符号(SimpleMarkerSymbol)、文本符号(TextSymbol)、简单线符号(SimpleLineSymbol)和简单填充符号(SimpleFillSymbol)。本节所涉及的代码都可以在本书附带的 Symbol 工程中找到。Symbol 工程包括 MainActivity、SimpleMarkerSymbolActivity、TextSymbolActivity、SimpleLineSymbolActivity 和 SimpleFillSymbolActivity。在入口 MainActivity 中,包括【简单标记符号】【文本符号】【简单线符号】【简单填充符号】共 4 个按钮,如图 6-16 所示。

单击这 4 个按钮,可以分别进入上述 4 个 Activity,用于展示这几种符号的用法。

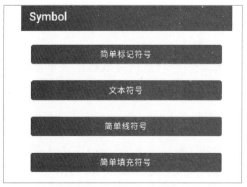

图 6-16 Symbol 应用

1. 标记符号

标记符号包括简单标记符号、图片标记符号和文本符号。本章着重介绍简单标记符号和文本符号的用法。

1)简单标记符号

简单标记符号通过 SimpleMarkerSymbol 定义,可以将点几何体描述为不同形状、不同颜色、不同大小的符号,其构造函数如下:

```
fun SimpleMarkerSymbol(style: SimpleMarkerSymbolStyle =
SimpleMarkerSymbolStyle.Circle, color: Color =Color.white, size: Float =8.0f)
```

其中,style 参数用于指定符号的样式;color 参数用于指定符号的颜色,size 属性用于指定符号的大小。例如,创建一个黑色圆形且尺寸为 10 的简单标记符号,代码如下:

```
//创建简单标记符号
val simpleMarkerSymbol =SimpleMarkerSymbol(
        SimpleMarkerSymbolStyle.Circle,         //圆形标记
Color.black,                                    //黑色
10f)                                            //尺寸:10
```

简单标记符号的样式由 SimpleMarkerSymbolStyle 定义,包括圆形、十字、菱形等形状,如表 6-3 所示。

表 6-3 简单标记符号的样式

类 型	形 状	类 型	形 状
Circle	圆形□	Square	方形■
Cross	十字✚	Triangle	三角形▲
Diamond	菱形◆	X	X形✖

颜色由 Color 类定义,其构造函数如下:

```
fun Color(argb: Int)
```

其中,参数 argb 表示色彩的 ARGB 值,由透明度(A,Alpha)、红色(R,Red)、绿色(G,Green)、蓝色(B,Blue)这 4 个值按顺序组成。

注意 不同于 Android SDK 自带的 Color 类,此处介绍的 Color 类在 com.arcgismaps 包内定义。

Color 类的常用属性如表 6-4 所示。

表 6-4 Color 类的常用属性

属性	类型	描述
argb	Int	ARGB 值
alpha	Int	透明度值,0xFF 表示不透明,0x00 表示全透明
red	Int	红色值
green	Int	绿色值
blue	Int	蓝色值

当然,还可以通过 Color 的伴生对象的函数或属性定义颜色。例如,可以通过 fromRgba 函数创建颜色,其函数定义如下:

```
fun fromRgba(r: Int, g: Int, b: Int, a: Int =255): Color
```

Color 类的伴生函数内置了几种常用的色彩,包括白色(white)、黑色(black)、红色(red)、绿色(green)、青色(cyan)和全透明(transparent)等。例如,可以通过 Color.black 表达式创建黑色对象。

简单标记符号的尺寸是针对制图尺寸而言的,其呈现大小与在 ArcGIS Pro 中设置尺寸的大小是相同的,并且符号的尺寸不随地图比例尺的变化而变化。

在 Symbol 应用中,单击【简单标记符号】进入 SimpleMarkerSymbolActivity,如图 6-17 所示。

该界面演示了简单标记符号的用法,用户可以选择不同的样式、颜色,拖动尺寸滚动条可以改变符号的尺寸。

2)文本符号

文本符号(TextSymbol)不仅可以用于渲染点几何体,也可以用于渲染标注(可参见 6.1.3 节)。在文本符号中,可以设置文本的内容、颜色、字体、居中方式等属性,其构造函数如下:

- fun TextSymbol()
- fun TextSymbol(text:String, color:Color, size:Float, horizontalAlignment:HorizontalAlignment, verticalAlignment:VerticalAlignment)

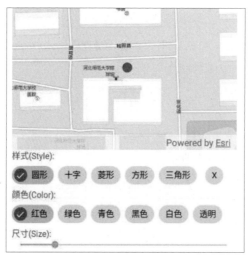

图 6-17 简单标记符号

其中，text 参数用于定义文本内容，对于标注来讲设置是无效的；color 参数用于定义文本颜色；size 参数用于定义文本字号；horizontalAlignment 和 verticalAlignment 参数分别用于定义横向居中、纵向居中方式。横向居中方式由 HorizontalAlignment 定义，包括水平居中（Center）、靠左对齐（Left）、靠右对齐（Right）和两端对齐（Justify）等类型。纵向居中方式由 VerticalAlignment 定义，包括垂直居中（Middle）、向上对齐（Top）、向下对齐（Bottom）和基线对齐（Baseline）。

以上参数在 TextSymbol 类中均有对应的属性可以设置。除了这些属性以外，还可以通过 outlineWidth 和 outlineColor 属性设置外边框线的宽度和颜色，通过 haloWidth 和 haloColor 属性设置外发光（光晕效果）的宽度和颜色。TextSymbol 的常用属性如表 6-5 所示。

表 6-5 TextSymbol 的常用属性

属 性	类 型	描 述
outlineWidth	Float	外边框宽度
outlineColor	Color?	外边框颜色
haloWidth	Float	外发光宽度
haloColor	Color?	外发光颜色
fontFamily	String	字体
fontStyle	FontStyle	字体样式
fontWeight	FontWeight	加粗效果
angle	Float	角度

续表

属　性	类　型	描　述
offsetX	Float	横向偏移量
offsetY	Float	纵向偏移量

例如,创建字体大小为 12 且具有外边框的黑色文本符号,代码如下:

```
//创建文本符号
val textSymbol =TextSymbol().apply {
    size =12f                    //字体大小
    color =Color.black           //字体颜色
    haloColor =Color.white       //边框颜色
    haloWidth =2f                //边框大小
}
```

在 Symbol 应用中,单击【文本符号】按钮进入 TextSymbolActivity,如图 6-18 所示。

图 6-18　文本符号

该界面演示了文本符号的用法,用户可以改变文本符号的颜色、尺寸、角度和偏移量并观察其效果,其中,angle、offsetX 和 offsetY 属性由其父类 MarkerSymbol 定义,同时也可以用于 SimpleMarkerSymbol 等符号类型。

2. 线符号

线符号(LineSymbol)用于描绘线几何体,只有一个子类,即简单线符号(SimpleLineSymbol)。简单线符号由样式、颜色、宽度等属性定义,其构造函数如下:

```
fun SimpleLineSymbol(style: SimpleLineSymbolStyle =
SimpleLineSymbolStyle.Solid, color: Color = Color.white, width: Float = 1.0f,
markerStyle: SimpleLineSymbolMarkerStyle =
```

```
SimpleLineSymbolMarkerStyle.None, markerPlacement:
SimpleLineSymbolMarkerPlacement = SimpleLineSymbolMarkerPlacement.End)
```

例如,创建一个宽度为 1 的红色虚线简单线符号,代码如下:

```
val sls = SimpleLineSymbol(
    SimpleLineSymbolStyle.Dash,           //虚线
Color.red,                                //红色
1.0f)                                     //宽度:1.0
```

简单线符号的样式由 SimpleLineSymbolStyle 定义,包括实线(Solid)、点线(Dot)、虚线(Dash)、点画线(DashDot)、双点画线(DashDotDot)、短点线(ShortDot)、短虚线(ShortDash)、短点画线(ShortDashDot)、短双点画线(ShortDashDotDot)、长虚线(LongDash)、长点画线(LongDashDot)、空(Null)等类型,其显示效果如图 6-19 所示。

图 6-19 简单线符号样式

在 Symbol 应用中,单击【简单线符号】按钮进入 SimpleLineSymbolActivity,如图 6-20 所示。

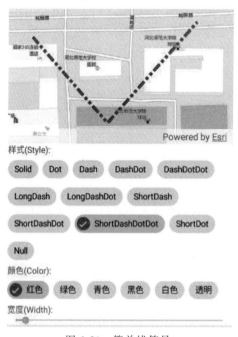

图 6-20 简单线符号

该界面演示了简单线符号的用法,用户可以选择不同的样式、颜色,拖动尺寸滚动条可以改变符号的宽度。

另外,简单线符号不仅可以用于线几何体,对于简单标记符号 SimpleMarkerSymbol 来讲,还可以通过 SimpleLineSymbol? 类型的 outline 属性定义其外边框。填充符号也需要简单线符号设置外边框样式。

3. 填充符号

填充符号(FillSymbol)用于描述面几何体的显示效果,包括简单填充符号(SimpleFillSymbol)和图片填充符号(PictureFillSymbol)共两个子类。本书简单介绍简单填充符号的用法。

简单填充符号由样式、颜色等属性定义,并且通过线符号定义其外边框,其构造函数如下:

```
fun SimpleFillSymbol (style: SimpleFillSymbolStyle = SimpleFillSymbolStyle.
Solid, color: Color =Color.white, outline: LineSymbol?=null)
```

简单填充符号样式 SimpleFillSymbolStype 定义了实心填充(Solid)、交叉网格(Cross)、横线(Horizontal)、竖线(Vertical)、斜向交叉网格(DiagonalCross)、前向斜线(ForwardDiagonal)、后向斜线(BackwardDiagonal)及空(Null)共 8 种样式,如图 6-21 所示。

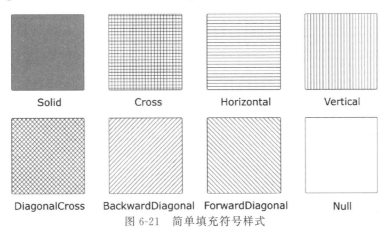

图 6-21 简单填充符号样式

例如,创建绿色实心填充的简单填充符号,代码如下:

```
//创建简单线符号(外边框)
private val sls =SimpleLineSymbol(
    SimpleLineSymbolStyle.Solid,              //实线
Color.black,                                  //黑色
1.0f)                                         //宽度:1.0

//创建简单填充符号
```

```
private val sfs =SimpleFillSymbol(
    SimpleFillSymbolStyle.Solid,        //填充
    Color.green,                        //绿色
    sls)                                //外边框
```

在Symbol应用中,单击【简单填充符号】按钮进入SimpleFillSymbolActivity,如图6-22所示。

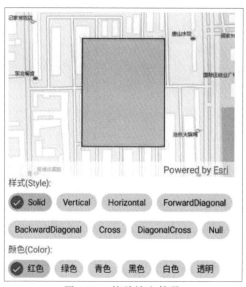

图6-22　简单填充符号

该界面演示了简单填充标记符号的用法,用户可以选择不同的样式和颜色并观察其显示效果。

6.2.2　渲染器

符号用于渲染图形或要素,而渲染器用于渲染要素图层。不同的渲染器拥有不同的规则,针对不同需求渲染不同的效果。渲染器包括简单渲染器(SimpleRenderer)、分类渲染器(ClassBreaksRenderer)、唯一值渲染器(UniqueValueRenderer)等,并且均继承于父类Renderer。渲染器相关类的继承关系如图6-23所示。

本节着重介绍简单渲染器、分类渲染器和唯一值渲染器,所涉及的代码都可以在本书附带的Render工程中找到。Render工程只有一个MainActivity,除了地图控件mapView以外,还包括【简单渲染器】【唯一值渲染器】和【分类渲染器】共3个按钮,如图6-24所示。

1. 简单渲染器

简单渲染器对图层中所有要素设置相同的符号。在默认情况下,简单渲染器是向量图层的默认渲染器,其构造函数如下:

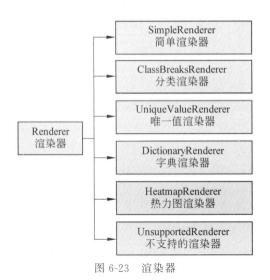

图 6-23 渲染器

图 6-24 Render 应用界面

```
fun SimpleRenderer(symbol: Symbol?=null)
```

例如,对 jjj_region 京津冀范围图层设置统一的简单填充符号,代码如下:

```
//图层位置
val filename =getExternalFilesDir(null)?.path +"/jjj_region.shp"
//创建 Shapefile 数据表对象
val ShapefileTable =ShapefileFeatureTable(filename)
//加载 Shapefile 数据表对象
shapefileTable.load().onSuccess {
    //创建图层
    val shapefileLayer =FeatureLayer.createWithFeatureTable(shapefileTable)
    //创建简单线符号(外边框)
    val sls =SimpleLineSymbol(
        SimpleLineSymbolStyle.Solid,        //实线
        Color.black,                         //黑色
        1.0f)                                //宽度:1.0
    //创建简单填充符号
    val sfs =SimpleFillSymbol(
        SimpleFillSymbolStyle.Null,          //无填充
        Color.black,
        sls)
    shapefileLayer.renderer =SimpleRenderer(sfs)
    //增加图层
mapView.map?.operationalLayers?.add(shapefileLayer)
```

```
            mapView.setViewpoint(Viewpoint(39.4988, 116.3578, 10000000.0))
            Log.d("Render", "京津冀向量图层加载成功!")
        }.onFailure {
            Log.d("Render", "京津冀向量图层加载错误: ${it.message}.")
        }
```

在上述代码中,通过 SimpleRenderer(sfs)表达式创建了简单渲染器,并赋值到 shapefileLayer 图层的 renderer 属性。在 Render 应用中,单击【简单渲染器】按钮,其图层的渲染效果如图 6-25 所示。

图 6-25　简单渲染器

2. 分类渲染器

分类渲染器可以通过属性对要素进行分类,并设置不同的符号,其构造方法如下:

```
fun ClassBreaksRenderer(fieldName: String ="", classBreaks:
Iterable<ClassBreak>=emptyList())
```

其中,参数 fieldName 属性用于指定分类的字段,classBreaks 属性用于指定各级分类的信息,其构造函数如下:

```
fun ClassBreak(description: String ="", label: String ="", minValue: Double =
Double.NaN, maxValue: Double =Double.NaN, symbol: Symbol? =
null, alternateSymbols: Iterable<Symbol>=emptyList())
```

其中,参数 description 用于定义描述信息,label 用于定义分类标签,minValue 和 maxValue 用于指定属性范围,symbol 参数用于指定分类符号。

在渲染要素图层前,可以先在 ArcGIS Pro 或 QGIS 等软件中设计分类和符号,然后在 ArcGIS Maps SDK 中实现分类设计。例如,可以在 QGIS 软件中先对 elevation_sample.shp 的 ELEVATION 属性字段进行分类渲染,如图 6-26 所示。

Symbol	Values	Legend
○	3.00 - 18.60	3 - 19
●	18.60 - 89.60	19 - 90
●	89.60 - 482.00	90 - 482
●	482.00 - 795.40	482 - 795
●	795.40 - 1640.00	795 - 1640

图 6-26 在 QGIS 中对 ELEVATION 字段进行分类渲染

随后,在 ArcGIS Maps SDK 中实现这个分类设计,代码如下:

```
//创建分类渲染器对象
val cbRenderer =ClassBreaksRenderer()
//设置属性
cbRenderer.fieldName ="ELEVATION"
//设置分类
cbRenderer.classBreaks.addAll(arrayListOf(
    ClassBreak("", "3-19", 3.0, 19.0,
        simpleMarkerSymbol(Color.fromRgba(0xff, 0xff, 0xff, 0xff))),
    ClassBreak("", "19-90", 19.0, 90.0,
        simpleMarkerSymbol(Color.fromRgba(0xff, 0xbf, 0xbf, 0xff))),
    ClassBreak("", "90-482", 90.0, 482.0,
        simpleMarkerSymbol(Color.fromRgba(0xff, 0x80, 0x80, 0xff))),
    ClassBreak("", "482-795", 482.0, 795.0,
        simpleMarkerSymbol(Color.fromRgba(0xff, 0x40, 0x40, 0xff))),
    ClassBreak("", "795-1640", 795.0, 1640.0,
        simpleMarkerSymbol(Color.fromRgba(0xff, 0x00, 0x00, 0xff)))
))
//设置渲染器
shapefileLayer.renderer =cbRenderer
```

首先创建了分类渲染器对象,并通过 fieldName 属性设置其渲染属性,然后在其 classBreaks 列表中添加 ClassBreak 对象。这里对该图层设计了 5 个分类,所以创建了 5 个 ClassBreak 对象。

在上述代码中,函数 simpleMarkerSymbol 用于创建简单标记符号,代码如下:

```
//根据颜色创建简单标记符号
private fun simpleMarkerSymbol(color : Color) : SimpleMarkerSymbol {
    return SimpleMarkerSymbol(
```

```
                SimpleMarkerSymbolStyle.Circle,
    color,
            10.0f)
    }
```

在 Render 应用中,单击【分类渲染器】按钮,其图层的渲染效果如图 6-27 所示。

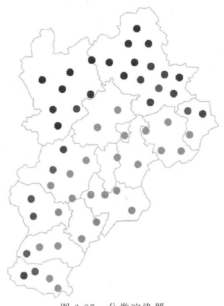

图 6-27 分类渲染器

3. 唯一值渲染器

唯一值渲染器(UniqueValueRenderer)可以通过属性对要素进行唯一值渲染,并设置不同的符号,其构造方法如下:

```
fun UniqueValueRenderer(fieldNames: Iterable<String> =
emptyList(), uniqueValues: Iterable<UniqueValue> =
emptyList(), defaultLabel: String ="", defaultSymbol: Symbol? = null)
```

其中,参数 filedNames 用于指定属性列表,参数 uniqueValues 用于设置唯一值列表,参数 defaultLabel 和 defaultSymbol 则用于设置未匹配唯一值列表的要素标签和符号。

唯一值 UniqueValue 的构造函数如下:

```
fun UniqueValue(description: String ="", label: String ="", symbol: Symbol? =
null, values: Iterable<Any> = emptyList(), alternateSymbols: Iterable<Symbol> =
emptyList())
```

其中,参数 description 用于定义描述信息,label 用于定义分类标签,symbol 参数用于指定唯一值符号,values 用于指定唯一值。

> **注意**　列表 values 中的唯一值顺序要与 UniqueValueRenderer 对象中的 fieldNames 顺序相同。

下面对京津冀范围图层 jjj_region 进行唯一值渲染。创建唯一值渲染器对象 uvRenderer，并将渲染字段设置为 PROV（省级行政区），然后在渲染器 uvRenderer 的 uniqueValues 属性中添加 3 个唯一值对象，并设置不同的符号，代码如下：

```
//创建唯一值渲染器对象
val uvRenderer =UniqueValueRenderer()
uvRenderer.fieldNames.add("PROV")          //针对 PROV 字段进行分类
//创建各唯一值的渲染符号
val sfs_red =simpleFullSymbol(Color.red)
val sfs_cyan =simpleFullSymbol(Color.cyan)
val sfs_green =simpleFullSymbol(Color.green)
uvRenderer.uniqueValues.addAll(arrayListOf(
    UniqueValue("", "北京市", sfs_red, listOf("北京市")),
    UniqueValue("", "天津市", sfs_cyan, listOf("天津市")),
    UniqueValue("", "河北省", sfs_green, listOf("河北省")),
))
```

其中，函数的 simpleFullSymbol 定义如下：

```
//根据颜色创建简单填充符号
private fun simpleFullSymbol(color : Color) : SimpleFillSymbol {
    //创建简单线符号（外边框）
    val sls =SimpleLineSymbol(
        SimpleLineSymbolStyle.Solid,        //实线
        Color.black,                        //黑色
        1.0f)                               //宽度:1.0
    //创建简单填充符号
    return SimpleFillSymbol(
        SimpleFillSymbolStyle.Solid,        //无填充
        color,
        sls)
}
```

随后，将渲染器赋值至 shapefileLayer 图层的 renderer 属性，代码如下：

```
shapefileLayer.renderer =uvRenderer
```

在 Render 应用中，单击【唯一值渲染器】按钮，其图层的渲染效果如图 6-28 所示。

图 6-28 唯一值渲染器

6.3 几何体绘制与编辑

通过 GeometryEditor 可以很方便地在地图控件上绘制、编辑几何体，本节介绍 GeometryEditor 的基本用法，并实现几何体编辑工具。

1. GeometryEditor 的基本用法

通过 GeometryEditor 绘制几何体的基本流程如下：

（1）创建 GeometryEditor 对象。
（2）为 GeometryEditor 设置自由绘制工具或节点工具。
（3）开始绘制。
（4）获取绘制的几何体并结束绘制。

下面简单介绍这些步骤的实现方法。

1）创建 GeometryEditor 对象

GeometryEditor 的构造函数如下：

```
fun GeometryEditor()
```

直接创建 GeometryEditor 对象并赋值至地图控件的 geometryEditor 属性，代码如下：

```
mapView.geometryEditor = GeometryEditor()
```

2）为 GeometryEditor 设置自由绘制工具或节点工具

GeometryEditor 可以使用两种工具，分别是自由绘制工具（FreehandTool）和节点工具（VertexTool）。自由绘制工具只能实现几何体的绘制，无法编辑几何体的形状，可以用于绘制 Polyline 或 Polygon，如图 6-29 所示。为 GeometryEditor 设置自由绘制工具，代码如下：

```
mapView.geometryEditor.tool = FreehandTool()
```

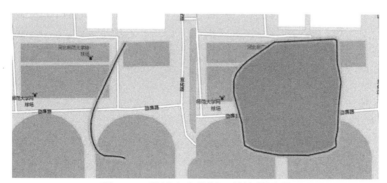

图 6-29　通过自由绘制工具绘制图形

使用自由绘制工具创建几何体时，用户可以手绘几何体的形状，并且可以通过拖动的方式移动其位置。

节点工具可以更加精准地实现几何体的绘制和编辑，可以编辑节点位置，并且可以增加、删除节点，如图 6-30 所示。

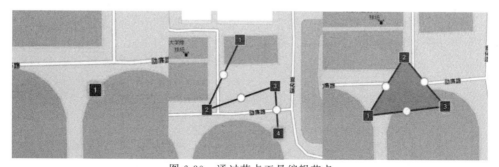

图 6-30　通过节点工具编辑节点

为 GeometryEditor 设置节点工具，代码如下：

```
mapView.geometryEditor.tool = VertexTool()
```

在地图上单击任何一个位置可以创建节点，也可以拖动已有的节点。单击两个节点中间的圆点可以在两个节点中间创建新的节点。

3）开始绘制

通过 start 函数开始绘制节点，其函数签名如下：

- fun start(initialGeometry：Geometry)
- fun start(geometryType：GeometryType)

通过 initialGeometry 参数可以设置初始的几何体，通常用于几何体的编辑。通过 geometryType 参数可以设置几何体的类型，通常用于几何体的创建。GeometryType 类型包括点（Point）、多点（Multipoint）、线（Polyline）、面（Polygon）、最小包络矩形（Envelope）、未知（Unknown）共 6 种类型。

例如，开始创建一个线几何体，代码如下：

```
mapView.geometryEditor.start(GeometryType.Polyline)
```

此时，用户即可在地图控件上编辑或绘制图形了。

4）获取绘制的几何体并结束绘制

开发者可通过 GeometryEditor 的 geometry 属性获取当前绘制的几何图形，代码如下：

```
mapView.geometryEditor.geometry
```

需要注意的是，geometry 属性的类型为 StateFlow<Geometry？>，可以通过其 value 属性获得具体的几何体对象。绘制完毕后，通过 GeometryEditor 的 stop 函数结束绘制，代码如下：

```
mapView.geometryEditor.stop()
```

2．几何体编辑工具

以上为 GeometryEditor 的基本用法，下面将通过一个具体的实例展示应用效果，即通过 GeometryEditor 实现几何体编辑工具，如图 6-31 所示。

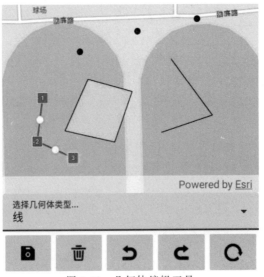

图 6-31　几何体编辑工具

在上述界面中,包含了【选择几何体类型】下拉选择框,以及保存 、删除 、撤销 、重做 和清空 共 5 个按钮。当用户在【选择几何体类型】下拉选择框中选择了具体的绘制类型以后,即可在地图上绘制相应的几何体,此时还可以通过【撤销 】【重做 】或【删除 】按钮操作当前绘制的几何体,最后单击【保存 】按钮即可将该几何体临时加入图形叠加层中。当用户单击【删除 】或【保存 】按钮以后会停止当前的绘制操作。另外,【清空 】按钮用于结束当前绘制并清空所有图形叠加层中的内容。下文所涉及的所有代码都可以在 GeometryEditor 工程中找到。

下面将逐步实现上述功能。

1)创建控件

本应用的 5 个按钮均使用了图片按钮 ImageButton 控件,该控件的用法和按钮 Button 的用法类似,不再详细介绍。例如,在 XML 布局中实现【保存 】按钮,代码如下:

```xml
<ImageButton
    android:id="@+id/btn_save"
    android:layout_width="wrap_content"
    android:layout_height="wrap_content"
    android:layout_weight="1"
    app:srcCompat="@drawable/ic_save"
    android:contentDescription="Save"/>
```

其中,图片 ic_save.png 为图片内容,并放置在 drawable 资源目录下。随后,即可在 MainActivity 中获取该图片按钮对象并设置监听器,代码如下:

```kotlin
findViewById<ImageButton>(R.id.btn_save).setOnClickListener {
    //监听单击事件执行代码
}
```

下拉选择控件的实现方法也并不复杂,这里使用了 Material Design 提供的 TextInputLayout 布局配合 AutoCompleteTextView 控件实现,代码如下:

```xml
<com.google.android.material.textfield.TextInputLayout
    android:id="@+id/text_input_layout"
    style="@style/Widget.MaterialComponents.
                     TextInputLayout.FilledBox.ExposedDropdownMenu"
    android:layout_width="match_parent"
    android:layout_height="wrap_content"
    android:hint="选择几何体类型..." >

<AutoCompleteTextView
        android:id="@+id/dropdown_select_geometry_edit_type"
        android:layout_width="match_parent"
        android:layout_height="wrap_content"
```

```
            android:inputType="none"
            android:labelFor="@id/dropdown_select_geometry_edit_type" />

</com.google.android.material.textfield.TextInputLayout>
```

随后，在 MainActivity 中还需要获取控件对象 dropDownSelectGeometry，并设置下拉选项内容，代码如下：

```
//选择编辑类型下拉选择控件
val dropDownSelectGeometry =
    findViewById<AutoCompleteTextView>(
        R.id.dropdown_select_geometry_edit_type)

//设置编辑类型
dropDownSelectGeometry.setAdapter(ArrayAdapter(
    applicationContext,                         //上下文对象
    R.layout.item_select_geometry_edit_type,    //下拉选择项目布局
    arrayOf("面(自由绘制)", "线(自由绘制)", "点", "多点", "线", "面")
))
```

其中，item_select_geometry_edit_type.xml 用于布局下拉选项，用户可以自定义选项界面。这里仅使用了单独的文本视图 TextView 作为选项内容，代码如下：

```
<?xml version="1.0" encoding="utf-8"?>
<TextView
    xmlns:android="http://schemas.android.com/apk/res/android"
    android:layout_width="match_parent"
    android:layout_height="wrap_content"
    android:padding="10dp"
    android:textSize="15sp"/>
```

执行程序，此时单击该下拉选框即可选择相应的几何体绘制方法，如图 6-32 所示。

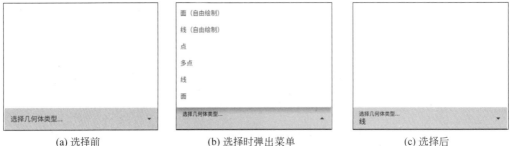

(a) 选择前　　　　　　(b) 选择时弹出菜单　　　　　　(c) 选择后

图 6-32　选择几何体编辑类型

此外还需要设计排布地图控件 mapView，这里不再赘述其方法。

2)开始编辑

为了能够实现几何体的节点编辑和自由绘制,首先需要创建几何体编辑器对象 geometryEditor、自由绘制工具对象 freehandTool 和节点工具对象 vertexTool,代码如下:

```
//自由绘制工具
private val freehandTool: FreehandTool = FreehandTool()

//节点工具
private val vertexTool: VertexTool = VertexTool()

//几何体编辑器
private var geometryEditor: GeometryEditor = GeometryEditor()
```

随后,将几何体编辑器对象赋值给地图控件的 geometryEditor 属性,代码如下:

```
//设置几何体编辑器
mapView.geometryEditor = geometryEditor
```

为下拉选框 dropDownSelectGeometry 设置选择选项监听器:当用户选择某个选项时,需要为 geometryEditor 设置不同的工具并通过 start 函数开始绘制不同类型几何体,代码如下:

```
//选择几何体编辑类型
dropDownSelectGeometry.setOnItemClickListener { parent, view, position, id ->
    geometryEditor.apply {
        when (position) {
            0 -> {              //面(自由绘制)
                tool = freehandTool
                start(GeometryType.Polygon)
            }
            1 -> {              //线(自由绘制)
                tool = freehandTool
                start(GeometryType.Polyline)
            }
            2 -> {              //点
                tool = vertexTool
                start(GeometryType.Point)
            }
            3 -> {              //多点
                tool = vertexTool
                start(GeometryType.Multipoint)
            }
            4 -> {              //线
                tool = vertexTool
                start(GeometryType.Polyline)
```

```
            }
        5 ->{              //面
            tool =vertexTool
            start(GeometryType.Polygon)
        }
    }
}
```

运行程序,当用户选择相应的绘制选项后即可在地图上开始绘制操作。

3)撤销和重做

如果用户操作错误,则可以通过撤销进行修正。下面实现【撤销↶】按钮的功能:首先通过 geometryEditor 的 canUndo 属性判断是否可以撤销操作(如果用户没有开始任何编辑操作或者已经撤销到编辑开始时,就无法撤销操作),然后通过 undo 函数撤销操作,代码如下:

```
if (geometryEditor.canUndo.value) {
    geometryEditor.undo()
}
```

【重做↷】按钮功能的实现是类似的,通过 geometryEditor 的 canRedo 属性判断是否可以重做后,再通过 redo 函数重新进行操作。如果用户没有撤销操作,就无法重新进行操作,代码如下:

```
if (geometryEditor.canRedo.value) {
    geometryEditor.redo()
}
```

注意 GeometryEditor 的 canUndo 属性和 canRedo 属性的类型均为 StateFlow<Boolean>。

4)结束编辑固化图形

单击【保存💾】按钮绘制完成后,通过 GeometryEditor 的 geometry 属性即可获得当前的几何体对象,并判断几何体对象是否可用,代码如下:

```
//获取几何体
val geometry =geometryEditor.geometry.value
    ?: return@setOnClickListener showToast("绘制几何体错误!")

//判断几何体是否可用
if (!GeometryBuilder.builder(geometry).isSketchValid) {
    return@setOnClickListener showToast("绘制几何体不可用!")
}
```

随后,通过几何体创建图形并添加到图形叠加层,代码如下:

```kotlin
//创建图形
val graphic = Graphic(geometry).apply {
    //设置符号
    symbol = when (geometry) {
        //为面几何体创建简单填充符号
        is Polygon -> SimpleFillSymbol(
            SimpleFillSymbolStyle.Solid,
            Color.cyan,
            SimpleLineSymbol(
                SimpleLineSymbolStyle.Solid,
                Color.black, 1.0f))
        //为线几何体创建简单线符号
        is Polyline -> SimpleLineSymbol(
            SimpleLineSymbolStyle.Solid,
            Color.black,
            1.0f)
        //为点几何体创建简单标记符号
        is Point, is Multipoint -> SimpleMarkerSymbol(
            SimpleMarkerSymbolStyle.Circle,
            Color.black, 10.0f)
        else -> null
    }
}

//将图形加入图形叠加层
graphicsOverlay.graphics.add(graphic)
```

随后,结束几何体编辑器并重置界面中的控件,代码如下:

```kotlin
//结束几何体编辑器
geometryEditor.stop()

//重置几何体选择控件
dropDownSelectGeometry.setText("")
dropDownSelectGeometry.clearFocus()
```

5) 重置编辑器

单击【删除🗑】按钮即可重置编辑器,需要清除几何体编辑器中已经绘制的几何体对象,然后结束几何体编辑器并重置界面中的控件,代码如下:

```kotlin
//重置几何体编辑器
geometryEditor.clearGeometry()           //清除几何体
geometryEditor.clearSelection()          //清除选择
```

```
geometryEditor.stop()            //停止编辑
//重置几何体选择控件
dropDownSelectGeometry.setText("")
dropDownSelectGeometry.clearFocus()
```

【清空◯】按钮的实现方法和【删除🗑】按钮的实现方法类似，除了需要实现上述代码以外，还需要清除图形叠加层中的所有图形，代码如下：

```
//清除图形叠加层中的所有图形
graphicsOverlay.graphics.clear()
```

运行程序，可以发现此时已经完成了几何体编辑工具的所有功能了。

6.4 本章小结

本章介绍了几何体、符号、图形、渲染器等基本概念和常见用法，这些也是 GIS 向量模型的基本实现。此时，读者应该具备了渲染独立图形及渲染图层的基本能力。对于更加复杂的应用，可以根据本章所学的知识参考学习 ArcGIS Maps SDK 官方实例，相信对绝大多数渲染功能就很容易理解了。第 7 章将介绍业务图层中最重要且最常用的一类：要素图层，并介绍空间查询的主要方法。

6.5 习题

（1）几何体都有哪些类型？分别使用了哪些符号？
（2）实现几何体绘制工具并生成图形，并且可根据用户需求设置或改变图形符号。

第 7 章 要素图层与查询

要素表是向量模型的具体实现,包括一系列具有相同几何类型的要素及结构化的属性表。经过渲染后的要素表就是要素图层,并且要素图层是最常用的业务图层之一,具有很强的灵活性,具有丰富的数据查询、编辑和空间分析能力。

查询是最常用且基本的操作之一。对于向量数据而言,查询包括通过查询条件查找要素(属性查询),以及通过几何体和空间关系查询要素(空间查询)两类。在 ArcGIS Maps SDK 中,查询包括 Query 和 Identify 两种方式。Query 是传统的查询方式,其查询对象为要素表中的要素,可以通过 SQL 表达式或几何体进行属性查询或空间查询。Identify 查询只能实现空间查询,其查询对象为地图视图,以几何体位置查询一个或者多个图层中的地理元素(GeoElement)。

本章介绍要素表和要素图层的基本概念,并介绍 Query 和 Identify 两种查询方法,其核心知识点如下:
- 要素表及其请求模式
- 要素图层和要素选择
- Query 查询
- Identify 查询

7.1 要素图层

本节介绍要素、要素表、要素图层、要素服务的基本概念,以及发布要素服务的基本方法。

7.1.1 要素表与要素图层

1. 要素表

要素表(FeatureTable)用于承载向量要素数据结构,包含字段(Fields)、几何类型(GeometryType)和空间参考信息(SpatialReference),其中几何类型和空间参考是可选的,没有集合类型和空间参考的要素表就是普通结构化的数据表,用于承载非空间数据。

要素表本身并不直接承载要素数据，但是提供了一系列函数，用于查询、创建、更新、删除要素，常见的函数如下。

（1）queryExtent(QueryParameters queryParameters)：查询要素。

（2）createFeature()：创建要素。

（3）addFeature(Feature feature)：添加要素。

（4）updateFeature(Feature feature)：更新要素。

（5）deleteFeature(Feature feature)：删除要素。

根据数据源的不同，要素表可以分为 GeodatabaseFeatureTable、ServiceFeatureTable 等，其类的继承关系如图 7-1 所示。

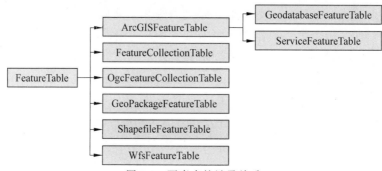

图 7-1　要素表的继承关系

这些要素表类型及其数据来源如下：

（1）ArcGISFeatureTable：ArcGIS 要素表，用于使用 ArcGIS 软件体系提供的要素数据，如移动地理数据库（Mobile Geodatabase）或要素服务（Feature Service）提供的要素数据。该类为抽象类，无法直接被实例化。

（2）GeodatabaseFeatureTable：移动地理数据库要素表，为 ArcGIS 要素表的子类，用于使用移动地理数据库中的要素数据。

（3）ServiceFeatureTable：服务要素表，为 ArcGIS 要素表的子类，用于使用 ArcGIS Enterprise 提供的要素服务。

（4）FeatureCollectionTable：要素集表，使用要素集（FeatureSet）对象作为数据源。

（5）OgcFeatureCollectionTable：OGC 要素集表，使用 OGC API Features 服务作为数据源。

（6）GeoPackageFeatureTable：GeoPackage 要素表，使用 GeoPackage 数据库作为数据源。

（7）ShapefileFeatureTable：Shapefile 要素表，使用 Shapefile 作为数据源。

（8）WfsFeatureTable：WFS 要素表，使用 WFS 服务作为数据源。

在使用这些要素表时需要注意以下几点：

（1）GeodatabaseFeatureTable、GeoPackageFeatureTable、ShapefileFeatureTable 用于

离线要素数据的加载，ServiceFeatureTable、OgcFeatureCollectionTable、WfsFeatureTable用于在线要素数据的加载。

（2）GeodatabaseFeatureTable 只能加载移动地理数据库，而不能加载文件地理数据库（File Geodatabse），也不能加载个人地理数据库（Personal Geodatabase）。移地理数据库可以通过 ArcGIS Pro 创建，也可以使用 ArcGIS Maps SDK 创建，详情可参考第 8 章的相关内容。

（3）OGCAPIFeatures 是由 OGC API 提供的服务的一种，用于提供要素服务。OGC API 标准用于替代旧版的 OGCWeb 服务标准，OGCAPIFeatures 是 WFS 服务的替代，效率更高。

下面注重介绍一种比较常用的要素表：服务要素表（ServiceFeatureTable），其常用的构造方法如下：

- fun ServiceFeatureTable(portalItem：PortalItem)
- fun ServiceFeatureTable(portalItem：PortalItem, layerId：Long)
- fun ServiceFeatureTable(uri：String)

其中，portalItem 表示云端项，layerId 表示图层 ID，uri 表示具体的服务地址。例如，通过云端服务创建 ServiceFeatureTable，代码如下：

```
//定义 ID
val portalItemId = "43abbdae946346e599af5398ba1eba17"
//定义 Portal 地址
val portal = Portal("https://www.arcgis.com")
//创建 PortalItem 对象
val portalItem = PortalItem(portal, portalItemId)
//创建 ServiceFeatureTable 对象
val featureTable = ServiceFeatureTable(portalItem, 0)
```

该要素表为京津冀范围要素表，包含了该地区各市的向量范围及其面积信息。该数据与 5.2.3 节中介绍的 jjj_region 数据相同，并且上述云端项 ID 提供了该数据的要素服务。

当用户创建要素表时，其实并没有真正加载任何信息，而是针对某个数据源提供了一系列操作方法。例如，如果开发者需要获取要素表的元数据，就需要通过 load 函数加载要素表。与加载相关的函数如下。

（1）fun load()：Result<Unit>：加载元数据。

（2）fun retryLoad()：Result<Unit>：再次尝试加载元数据。

（3）fun cancelLoad()：取消加载元数据。

另外，通过 loadStatus 属性（StateFlow<LoadStatus> 类型）可以获得加载的状态。加载状态由 LoadStatus 类定义，其几种不同的类型如表 7-1 所示。

表 7-1　加载状态（LoadStatus）类型

类　型	描　述
Loading	正在加载
Loaded	已经加载
NotLoaded	未加载
FailedToLoad(val error：Throwable)	加载失败

实时监听要素表的加载状态，代码如下：

```
lifecycleScope.launch {
    featureTable.loadStatus.collect {
        Log.v("FeatureTable", "loadStatus : ${it}")
    }
}
```

随后，加载要素表的元数据，代码如下：

```
lifecycleScope.launch {
    table.load().onSuccess {
        Log.v("FeatureTable", "加载成功!")
    }.onFailure {
        Log.v("FeatureTable", "加载失败:${it}!")
    }
}
```

上述代码运行后，输出的信息类似如下：

```
31105-31105/edu.hebtu.query V/FeatureTable: loadStatus : NotLoaded
31105-31105/edu.hebtu.query V/FeatureTable: loadStatus : Loading
31105-31105/edu.hebtu.query V/FeatureTable: loadStatus : Loaded
31105-31105/edu.hebtu.query V/FeatureTable: 加载成功!
```

如果网络不通，则会输出失败信息，类似如下：

```
31887-31887/edu.hebtu.query V/FeatureTable: loadStatus : NotLoaded
31887-31887/edu.hebtu.query V/FeatureTable: loadStatus : Loading
31887-31887/edu.hebtu.query V/FeatureTable: loadStatus : FailedToLoad(error=
java.net.UnknownHostException: Unable to resolve host "www.arcgis.com": No
address associated with hostname)
31887-31887/edu.hebtu.query V/FeatureTable: 加载失败:java.net.
UnknownHostException: Unable to resolve host "www.arcgis.com":
No address associated with hostname!
```

FeatureTable 的常用方法如下。

(1) fun getFeatureType(name: String): FeatureType?：获取要素类型。
(2) fun getField(fieldName: String): Field?：根据字段名称获取字段。
FeatureTable 的常用属性如表 7-2 所示。

表 7-2 FeatureTable 的常用属性

类 型	描 述
var displayName: String	显示名称
val tableName: String	表名称
val spatialReference: SpatialReference?	空间参考
val extent: Envelope?	空间范围
val featureTypes: List<FeatureType>	要素类型
val geometryType: GeometryType	几何体类型
val fields: List<Field>	字段列表
val hasAttachments: Boolean	是否包含附件
val hasGeometry: Boolean	是否包含几何体
val hasM: Boolean	几何体是否有 M 值
val hasZ: Boolean	几何体是否有 Z 值
val isEditable: Boolean	是否允许编辑
val numberOfFeatures: Long	要素数量
val serviceLayerId: Long	服务图层 ID

注意 对于 numberOfFeatures 属性，只有 GeodatabaseFeatureTable 或 ShapefileFeatureTable 可以获取正确的要素数量。

加载要素表后，会输出加载成功、显示名称、表名称，以及判断是否包含几何体，代码如下：

```
lifecycleScope.launch {
    featureTable.load().onSuccess {
        Log.v("FeatureTable", "加载成功!")
        Log.v("FeatureTable", "显示名称: " +table.displayName)
        Log.v("FeatureTable", "表名称: " +table.tableName)
        Log.v("FeatureTable", "是否包含几何体: " +table.hasGeometry)
    }.onFailure {
```

```
            Log.v("FeatureTable", "加载失败:${it}!")
        }
    }
}
```

执行上述代码,输出的类似结果如下:

```
3048-3048/edu.hebtu.query V/FeatureTable: loadStatus : NotLoaded
3048-3048/edu.hebtu.query V/FeatureTable: loadStatus : Loading
3048-3048/edu.hebtu.query V/FeatureTable: loadStatus : Loaded
3048-3048/edu.hebtu.query V/FeatureTable: 加载成功!
3048-3048/edu.hebtu.query V/FeatureTable: 显示名称:jjj_region
3048-3048/edu.hebtu.query V/FeatureTable: 表名称:jjj_region
3048-3048/edu.hebtu.query V/FeatureTable: 是否包含几何体:true
```

2. 要素图层

通过要素表可以创建要素图层(FeatureLayer)。另外,通过项 Item 对象也可以创建要素图层。创建要素图层需要使用其伴随对象提供的函数,如下所示。

(1) fun createWithFeatureTable(featureTable: FeatureTable): FeatureLayer:通过 FeatureTable 创建 FeatureLayer。

(2) fun createWithItem(item: Item): FeatureLayer:通过 Item 创建 FeatureLayer。

(3) fun createWithItemAndLayerId(item: Item, layerId: Long): FeatureLayer:通过 Item 和图层 ID 创建 FeatureLayer。

可见,要素图层和要素表可以相关转换。通过上述 createWithFeatureTable 方法即可将要素表转换为要素图层,而通过要素图层的 featureTable 属性即可获取要素表,如图 7-2 所示。

图 7-2 要素表和要素图层的转换

例如,通过 FeatureTable 创建 FeatureLayer,代码如下:

```
val featureLayer = FeatureLayer.createWithFeatureTable(featureTable)
```

通过 FeatureLayer 获取 FeatureTable?,代码如下:

```
val featureTable: FeatureTable? = featureLayer.featureTable
```

要素图层可以作为业务图层添加到地图控件之中,相关方法不再赘述,可参见第 5 章的相关内容。

7.1.2 要素服务

在传统的开发模式中通常会将数据封装打包后置入应用(前几章都是这么操作的)或下载到设备的存储中,然后加载到地图控件中,这种数据模式称为离线模式,如图7-3所示。

图 7-3　离线模式

离线模式可以在不依赖于网络的情况下运行程序,但可能会占据用户较大的存储空间。在大前端盛行的目前,在线模式更加有利于数据的分发和共享,如图7-4所示。

图 7-4　在线模式

在线模式下,所有的数据都存储在云端,并通过 WebGIS 的方式提供各类服务。通过 WebGIS 服务提供要素服务,方便要素数据在互联网中分享和应用。常见的 WebGIS 服务包括 ArcGIS 服务体系和 OGCWeb 服务体系两类。

1. ArcGIS 要素服务

ArcGIS 服务体系可以由 ArcGIS Enterprise 和 ArcGIS Online 提供。对于个人和小型企业开发者来讲,可以直接使用 ArcGIS for Server 提供 ArcGIS 服务。常用的 ArcGIS 服务包括地图服务、要素服务、影像服务等。

(1) 地图服务(Map Service):用于创建地图底图或地图图像图层等。

(2) 影像服务(Image Service):用于创建影像图层。

(3) 要素服务(Feature Service):用于创建要素图层。

在 ArcGIS Maps SDK 中,可以首先通过 ArcGIS 要素服务创建要素表,然后通过要素表创建要素图层,其基本用法如下:

```
//通过URL创建要素表
var table = ServiceFeatureTable("")
//通过要素表创建要素图层
val layer = FeatureLayer.createWithFeatureTable(table)
```

由于要素服务属于 ArcGIS 产品体系之内，所以用法相对简单。从 7.2 节开始，将在 ArcGIS Online 中发布要素服务，并实现 Query 和 Identify 查询。

2. OGC 要素服务

OGC 全称为开放地理空间联盟（Open Geospatial Consortium），成立于 1994 年，前身是 OGF（Open GRASS Foundation），是一个针对地理信息系统规范化的非营利的国际标准组织，与万维网联盟（W3C）、结构化信息标准促进组织（OASIS）等国际标准化组织结成了伙伴关系。

OGC 的诞生是为了制订一系列数据访问的规范和准则，用于解决在不同开源 GIS 软件之间进行数据共享和交互性数据处理，但是鉴于其影响力越来越大，一些提供商业 GIS 产品的公司（例如 ESRI、谷歌等）也加入了 OGC。OGC 虽然是一个非营利非政府的组织，其标准也不带有强制性，但是目前在绝大多数 GIS 软件和平台中，均在不同程度上参考和符合了这些标准。

传统的 OGC 标准包括 WMS、WTMS 等。

- WMS（Web Map Service，地图服务）
- WMTS（Web Map Tile Service，地图切片服务）
- WFS（Web Feature Service，要素服务）
- TMS（Tile Map Service，切片地图服务）
- WCS（Web Coverage Service，栅格服务）
- WPS（Web Processing Service，地理处理服务）

2020 年以来，OGC 发布了新的标准体系，即 OGC API。相对于传统的 OGC 标准，其中最为明显的改进就是使用 JSON 数据传递格式替代了 XML 格式，从而使这套标准体系具有更加高效的性能。在新的标准中，所有的服务类型都采用 OGC API 开头，例如 OGC API Features 替换了传统的 WFS，如表 7-3 所示。

表 7-3 几种不同的 WebGIS 服务标准的对比

类 型	OGC API	传统 OGC 标准	ArcGIS 标准
地图服务	OGC API Maps	WMS	Map Service
地图切片服务	OGC API Tiles	WMTS	Map Service
要素服务	OGC API Features	WFS	Feature Service
栅格服务	OGC API Coverages	WCS	Image Service
地理处理服务	OGC API Processes	WPS	GeoProcessing Service

不过 OGC API 标准体系还没有完全搭建完毕，目前多数的 OGC API 仍在测试阶段，因此本书着重介绍传统的 OGC 标准的发布方法。

3. OGC 要素服务的发布

OGC 标准是开源的，因此绝大多数 GIS 服务器可以发布 OGC 服务。除了 ArcGIS for Server 以外，GeoServer、MapServer、QGIS Server 等都可以发布 OGC 服务。这几种 GIS 服务器的对例如下：

(1) GeoServer 起源于 2001 年，是 Java 语言环境下的 GIS 服务器软件，采用 GPL 协议发布。

(2) MapServer 是 C、C++ 语言环境下的 GIS 服务器软件，最初由美国明尼苏达大学开发，采用 MIT 协议发布。目前，MapServer 可以运行在绝大多数操作系统中（Windows、Mac OS、Linux 等）。自 6.0 版本以来，MapServer 成为包含 MapServer Core、MapCache 和 TinyOWS 共 3 个组成部分的软件体系。

(3) QGIS Server 相对于成熟的 MapServer 和 GeoServer，QGIS Server 更加轻量化且可与 QGIS Desktop 软件完美结合。

(4) pygeoapi 是 Python 架构的服务器框架，是全新的 OGC API 的实现，不支持传统的 OGC 服务。pygeoapi 非常轻量化，部署和使用非常方便。

本书介绍如何使用 GeoServer 发布 OGC 要素服务。首先，需要在 GeoServer 的官方网站上下载 GeoServer 的稳定版本，其下载网址为 https://geoserver.org/release/maintain/。本书在 Windows 环境下以 2.22.3 版本为例介绍其使用方法，其他版本的使用方法大同小异。

注意 在使用 GeoServer 之前，首先需要确保计算机中存在 Java 运行环境（Java Runtime Environment，JRE），并且版本为 JRE8 或 JRE11。读者可在 https://adoptium.net/ 网站中下载并安装相应的 OpenJRE。

下载 geoserver-2.22.3-bin.zip 文件，解压并运行 geoserver-2.22.3-bin\bin\startup.bat 批处理程序，此时会自动运行 GeoServer，并弹出如图 7-5 所示的命令行窗口，提示 Server：main：Started，说明 GeoServer 运行成功。

GeoServer 的管理网站会占用计算机的 8080 端口。运行 GeoServer 后，可以在任意浏览器中打开 http://localhost:8080/geoserver/index.html 网页，进入 GeoServer 的管理页面，如图 7-6 所示。

在 GeoServer 的管理界面中展示了当前 GeoServer 所支持的服务类型，包括 WMS、TMS、WFS 等。

注意 如果需要使用 GeoServer 发布 OGC API 服务，则需要用到 OGC API 扩展。在 GeoServer 的官方网站上，下载 OGC API 扩展并放置到 GeoServer 的 WEB-INF/lib 目录，重启 GeoServer 即可发布 OGC API 服务。

图 7-5 运行 GeoServer

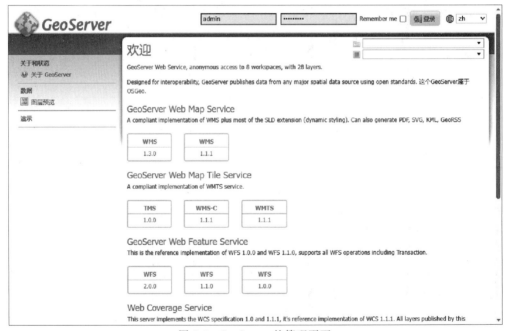

图 7-6 GeoServer 的管理页面

在 GeoServer 中发布服务需要以下几个步骤：

(1) 登录 GeoServer 管理页面。

(2) 创建工作空间。

(3) 创建存储仓库。

(4) 创建图层。

(5) 在图层浏览中调试发布的服务。

1) 登录 GeoServer 管理页面

GeoServer 的默认用户名为 admin,密码为 geoserver。在 GeoServer 管理页面的顶部输入用户名和密码,单击【登录】按钮即可。

2) 创建工作空间

在 GeoServer 左侧的菜单中,单击【工作空间】按钮,即可在右侧的列表中显示当前所有的工作空间。在默认情况下,GeoServer 包含了 sde、sf、cite 等测试工作空间,如图 7-7 所示。

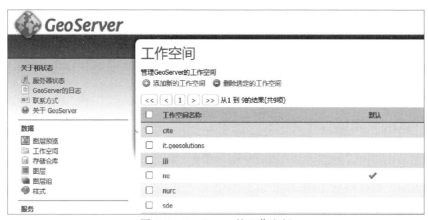

图 7-7　GeoServer 的工作空间

单击【添加新的工作空间】按钮,进入如图 7-8 所示的页面。

图 7-8　创建工作空间

在 Name 选项中输入工作空间的名称,如 jjj;在命名空间 URI 中输入任意格式的 URI,如 http://jjj。随后,单击【保存】按钮即可创建 jjj 工作空间。

3）创建存储仓库

在 GeoServer 左侧的菜单中，单击【存储仓库】按钮，并在弹出的存储仓库列表的上方单击【添加新的存储仓库】按钮，此时会弹出如图 7-9 所示的界面。

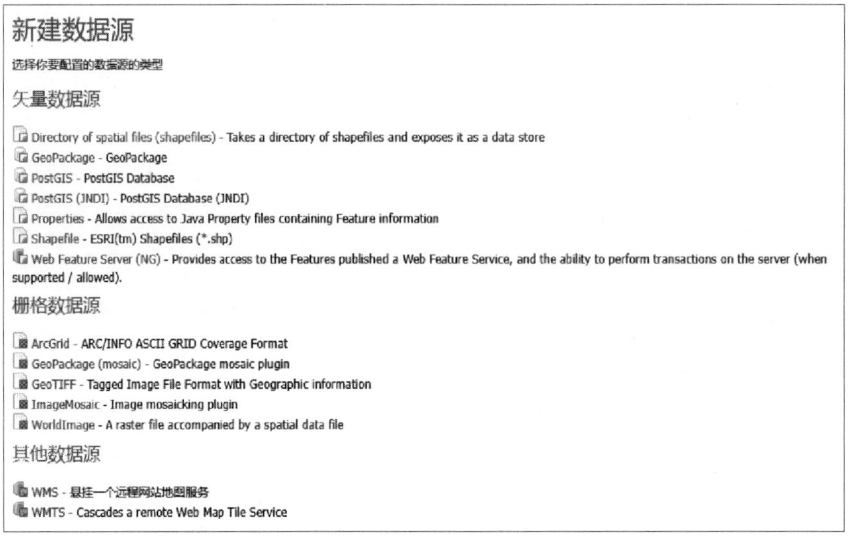

图 7-9　创建存储仓库（1）

根据实际的数据格式不同，用户可选择不同的选项。在本例中，单击 Shapefile 按钮上传 Shapefile 格式的 jjj_region 数据，如图 7-10 所示。

图 7-10　创建存储仓库（2）

在【工作空间】中选择 jjj，并在【数据源名称】中输入 jjj_region。随后，在【Shapefile 文件的位置】选项中选择 jjj_region.shp 文件，单击【保存】按钮即可创建该存储仓库。

4）创建图层

在 GeoServer 左侧的菜单中，单击【图层】按钮；并在弹出的图层列表的上方单击【添加新的资源】按钮，弹出如图 7-11 所示的界面。

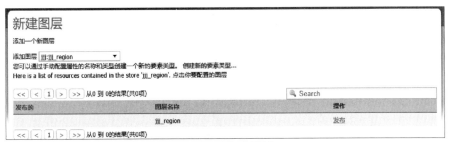

图 7-11　新建图层

在【添加图层】选项中选择 jjj:jjj_region，其中 jjj 为工作空间，jjj_region 表示存储仓库，然后在下方的列表中单击【发布】按钮，此时会弹出如图 7-12 所示的页面。

图 7-12　编辑图层

在该页面中，可以选择服务的基本信息、类型和安全选项。例如，可以在【边框】选项中依次单击【从数据中计算】和 Compute from native bounds 选项设置图层的边界。最后，单击【保存】按钮即可。

5）在图层预览中调试发布的服务

在 GeoServer 左侧的菜单中，单击【图层预览】按钮，即可在右侧的列表中显示当前所有的图层。在默认情况下，GeoServer 的向量图层兼具 WMS 和 WFS 服务能力。在 jjj_region

图层右侧的【所有格式】一栏中，单击 Select one 下拉菜单，即可选择并弹出相应的服务地址。例如，选择 WFS 下的 GeoJSON 选项，那么弹出的地址如下：

```
http://localhost:8080/geoserver/jjj/ows
        ?service=WFS
        &version=1.0.0
        &request=GetFeature
        &typeName=jjj:jjj_region
        &maxFeatures=50
        &outputFormat=application/json
```

以上 URL 的各项参数的含义如下。

（1）service：服务类型为 WFS。

（2）version：服务版本为 1.0.0。

（3）request：请求方法为获取要素。

（4）typeName：类型名称为 jjj:jjj_region，即数据仓库的名称。

（5）maxFeatures：返回要素的最大数量为 50。

（6）outputFormat：输出格式为 application/json。

在 ArcGIS Maps SDK 中，我们只需指定其中的部分参数，并指定其类型名称（数据仓库）便可以创建 WFS 要素表。例如，当服务器地址为 192.168.1.101 时，创建上述 WFS 服务的要素表的代码如下：

```
val table = WfsFeatureTable("http://192.168.1.101:8080/geoserver/jjj/wfs?service=wfs&request=getcapabilities", "jjj:jjj_region")
```

通过要素服务，可以实现各类查询功能。下文将介绍两种最为常用的查询方法：Query 和 Identify。

7.2 Query 查询

本节介绍要素表、要素图层，并在要素表的基础上实现 Query 查询。本节所介绍的所有代码均可在 Query 应用中找到。Query 应用仅包含 1 个 MainActivity，并且包含了【属性查询】【遍历要素】【空间查询】和【手动请求模式】按钮，如图 7-13 所示。

7.2.1 Query 查询的基本用法

Query 查询是类似于 SQL 的查询方式，既可以进行属性查询，也可以进行空间查询。Query 只能在同一个图层上实现查询操作，其查询过程如下：

（1）创建 QueryParameters 对象，设置查询内容。

（2）通过 FeatureTable 的 queryFeatures 方法进行查询。

（3）通过 Iterator<Feature>对象遍历 Feature。

图 7-13　Query 应用

Query 查询操作类似于 ArcObjects 中的 ISpatialFilter，也类似于 ArcGIS Pro 中的查询选择工具，如图 7-14 所示，可以相互参考学习。本节将通过 Query 实现基本的属性查询和空间查询操作。

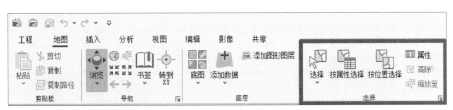

图 7-14　ArcGIS Pro 中的查询选择工具

1. 属性查询

QueryParameters 类用于定义 Query 的查询参数，无论是空间查询还是属性查询都需要创建 QueryParameters 对象，代码如下：

```
var query = QueryParameters
```

随后，需要对查询参数对象进行一些设置，其常用的属性如表 7-4 所示。

表 7-4　QueryParameters 的常用属性

类　　型	描　　述
var geometry: Geometry?	查询几何体
var maxAllowableOffset: Double	最大允许偏移
var resultOffset: Int	结果偏移

续表

类　　型	描　　述
var maxFeatures: Int	结果的最大要素数量
val objectIds: MutableList<Long>	对象 ID 列表
val orderByFields: MutableList<OrderBy>	按照属性排序
var outSpatialReference: SpatialReference?	结果空间参考
var returnGeometry: Boolean	是否返回几何体
var spatialRelationship: SpatialRelationship	空间关系
var whereClause: String	SQL 查询语句
var timeExtent: TimeExtent?	查询的时序范围

通过这些属性可以设定具体的查询参数。对于属性查询来讲，最重要的就是设置 whereClause 属性。whereClause 属性定义了查询的条件，其表示方式为 SQL 表达式的 Where 字句，即 SQL 查询语句的如下加粗部分：

```
SELECT * FROM <要素表名称> WHERE Where 子句
```

对于 jjj_region 京津冀地区范围数据来讲，包括了 FID、地区代码(DIST_CODE)、名称(NAME)、省级行政区(PROV)和面积(AREA)等属性，如图 7-15 所示。

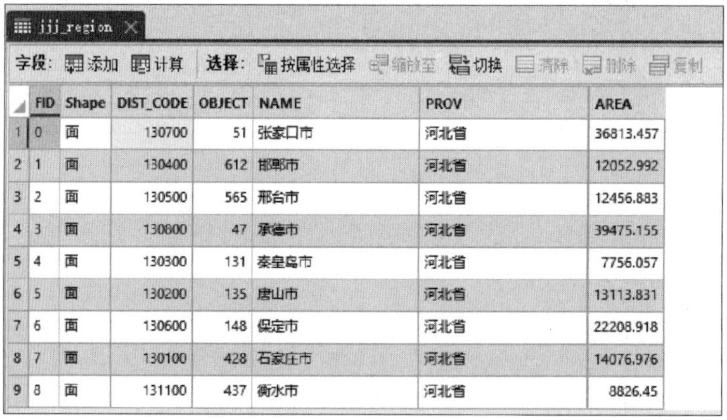

	FID	Shape	DIST_CODE	OBJECT	NAME	PROV	AREA
1	0	面	130700	51	张家口市	河北省	36813.457
2	1	面	130400	612	邯郸市	河北省	12052.992
3	2	面	130500	565	邢台市	河北省	12456.883
4	3	面	130800	47	承德市	河北省	39475.155
5	4	面	130300	131	秦皇岛市	河北省	7756.057
6	5	面	130200	135	唐山市	河北省	13113.831
7	6	面	130600	148	保定市	河北省	22208.918
8	7	面	130100	428	石家庄市	河北省	14076.976
9	8	面	131100	437	衡水市	河北省	8826.45

图 7-15　jjj_region 向量数据的属性表

注意　每个要素表的属性表都至少包含 1 个 FID(Feature ID)字段，并作为要素的主键。

下面通过 jjj_region 向量数据举例说明 Where 子句的用法。

(1) 查询 FID 为 3 的要素，Where 子句如下：

```
FID = 3
```

此时,完整的 SQL 表达式如下:

```
SELECT * FROM jjj_region WHERE FID = 3
```

(2) 查询面积大于 20 000 平方千米的要素,Where 子句如下:

```
AREA > 20000
```

(3) 查询名称包含"家"字的要素,Where 子句如下:

```
NAME LIKE '%家%'
```

(4) 查询河北省面积大于 20 000 平方千米的要素,Where 子句如下:

```
PROV LIKE '%河北省%' AND AREA > 20000
```

创建了 QueryParameters 对象后,即可通过要素表的查询方法查询要素了。要素表的常用查询函数如下。

(1) fun queryFeatures(parameters: QueryParameters): Result<FeatureQueryResult>:查询要素,默认查询结果不包含除了 FID 以外的属性信息。

(2) fun queryFeatures(parameters: QueryParameters, queryFeatureFields: QueryFeatureFields): Result<FeatureQueryResult>:查询要素,并指定返回结果的属性表信息。

(3) fun queryFeatureCount(queryParameters: QueryParameters): Result<Long>:查询要素数量。

(4) fun queryStatistics(statisticsQueryParameters: StatisticsQueryParameters): Result<StatisticsQueryResult>:查询统计信息。

(5) fun queryExtent(queryParameters: QueryParameters): Result<Envelope>:查询要素的范围(用最小包络矩形 Envelope 表示)。

queryFeatures 函数的返回结果为 FeatureQueryResult 对象,涵盖了查询结果信息。另外,对于 ArcGISFeatureTable 要素表,还可以通过其伴随对象的 queryRelatedFeatures 函数查询与某些要素相关的要素。

下文介绍查询选择要素、遍历要素的基本方法。

1) 查询选择要素

在要素图层上,可以通过如下函数选择要素。

(1) fun selectFeature(feature: Feature):选择 1 个要素。

(2) fun selectFeatures(features: Iterable<Feature>):选择多个要素。

(3) fun unselectFeature(feature: Feature):取消选择 1 个要素。

(4) fun unselectFeatures(features: Iterable<Feature>):取消选择多个要素。

(5) fun clearSelection()：清除选择。

(6) fun getSelectedFeatures()：Result＜FeatureQueryResult＞：获取当前选择的要素。

被选择的要素会以高亮的方式(蓝色外发光)显示在地图上。下面介绍如何查询河北省内面积大于 20 000 平方千米的地区要素，代码如下：

```kotlin
//创建查询参数对象
val queryParams =QueryParameters().apply {
    whereClause ="PROV LIKE '%河北省%' AND AREA >20000"     //查询条件
    maxFeatures =100           //最多查询数量
}
//查询要素
lifecycleScope.launch {
    featureTable.queryFeatures(queryParams).onSuccess {
        //选择查询到的要素
        featureLayer.selectFeatures(it.asIterable())
    }.onFailure {
        Log.v("FeatureTable", "加载失败:${it}!")
    }
}
```

在上述代码中，通过 QueryParameters 参数定义了查询条件，并通过 maxFeatures 属性定义了最大要素查询数量。对于要素较多的要素表，通过 maxFeatures 属性限制查询数量可以提高查询速度，以便更快地将查询结果呈现给用户。

随后，通过要素表的 queryFeatures 函数查询要素，在其 onSuccess 函数中，it 表示 FeatureQueryResult 对象，通过其 asIterable 函数即可获得其所有的要素信息。最后，通过要素图层的 selectFeatures 函数选择这些被查询到的要素。

单击 Query 应用的【属性查询】按钮，即可执行上述代码。满足条件的行政区包括张家口市、承德市和保定市，其显示效果如图 7-16 所示。

2）遍历要素表

当将 QueryParameters 的查询条件设置为"1 = 1"时，由于该条件恒成立，所以可以查询到要素表中所有的要素。

在本例中，需要在遍历要素表时获得其属性信息，因此除了查询条件以外，还需要设置查询要素属性(QueryFeatureFields)类型。QueryFeatureFields 包括 3 类，分别是 IdsOnly、LoadAll 和 Minimum，其效果如下：

(1) IdsOnly：默认类型，只查询到 FID 属性，无其他任何属性信息。

(2) LoadAll：查询所有的属性信息。

(3) Minimum：最简属性信息。在该模式下，非必要的属性(如 M 值等)将不会获取。

下面介绍遍历 jjj_region 中的所有要素并输出行政区的名称和面积信息，代码如下：

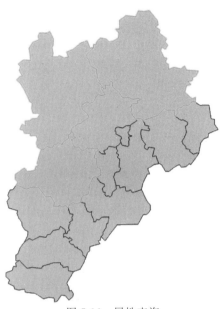

图 7-16　属性查询

```
//创建查询参数对象
val queryParams =QueryParameters().apply {
    whereClause ="1 =1"        //查询条件
    maxFeatures =100           //最多查询数量
}
//查询要素
lifecycleScope.launch {
    featureTable. queryFeatures (queryParams, QueryFeatureFields. LoadAll).onSuccess {
        it.forEach { feature ->
            Log.v("FeatureTable", "${feature.attributes["NAME"]}"
                                +" ${feature.attributes["AREA"]}")
        }
    }.onFailure {
        Log.v("FeatureTable", "加载失败:${it}!")
    }
}
```

由于要获得行政区名称和面积信息,因此需要将其查询要素属性 QueryFeatureFields 指定为 LoadAll。单击 Query 应用的【遍历要素】按钮,即可执行上述代码。在 Logcat 窗体中即可显示如下要素基本信息:

```
16776-16776/edu.hebtu.query V/FeatureTable: 张家口市 36813.457
16776-16776/edu.hebtu.query V/FeatureTable: 邯郸市 12052.992
```

```
16776-16776/edu.hebtu.query V/FeatureTable: 邢台市 12456.883
16776-16776/edu.hebtu.query V/FeatureTable: 承德市 39475.155
16776-16776/edu.hebtu.query V/FeatureTable: 秦皇岛市 7756.057
16776-16776/edu.hebtu.query V/FeatureTable: 唐山市 13113.831
16776-16776/edu.hebtu.query V/FeatureTable: 保定市 22208.918
16776-16776/edu.hebtu.query V/FeatureTable: 石家庄市 14076.976
16776-16776/edu.hebtu.query V/FeatureTable: 衡水市 8826.45
16776-16776/edu.hebtu.query V/FeatureTable: 北京市 16376.674
16776-16776/edu.hebtu.query V/FeatureTable: 天津市 11616.428
16776-16776/edu.hebtu.query V/FeatureTable: 沧州市 14069.447
16776-16776/edu.hebtu.query V/FeatureTable: 廊坊市 5166.619
```

2. 空间查询

空间查询则通过指定查询几何体 geometry 和空间关系 spatialRelationship 的方式查询要素。在 ArcGIS Maps SDK 中，SpatialRelationship 类定义了空间关系，如表 7-5 所示。

表 7-5 空间关系

类型	关系	说明
Intersects	相交	查询目标图层要素与查询几何体相交的部分（点要素、线要素、面要素类型之间的关系均存在相交关系）
Touches	相接	查询目标图层要素与查询几何体相接的部分（除了点要素与点要素无法相接，其他类型之间均存在相接关系）
Contains	包含	查询目标图层要素包含查询几何体的部分（不存在点要素包含线要素和面要素的情况，也不存在线要素包含面要素的情况，其他类型之间均存在包含关系）
Overlaps	重叠	查询目标图层要素与查询几何体重叠的要素部分（重叠关系只存在线要素和线要素之间、面要素和面要素之间）
Disjoint	不相交	查询目标图层要素与查询几何体不相交的部分（点要素、线要素、面要素类型之间的关系均存在不相交关系）
Within	被包含	查询目标图层要素被查询几何体包含的部分（不存在线要素和面要素被点要素包含的情况，也不存在面要素被线要素包含的情况，其他类型之间均存在被包含关系）
Equals	相等	查询目标图层要素与查询几何体相等的部分（相等关系只存在于同类的要素之间，即点要素与点要素之间、线要素和线要素之间、面要素和面要素之间）
Crosses	横穿	查询目标图层要素中被查询几何体的横穿的部分（横穿关系只存在线要素和线要素之间、线要素和面要素之间）
Relate	关联	查询目标图层要素与查询几何体关联的部分（只要存在以上任何一类空间关系，就都属于存在关联关系）
EnvelopeIntersects	范围相接	将输入几何体 geometry 的最小包逻辑矩形 Envelope 对象作为查询几何体，与目标图层要素做相交查询（Intersects）

续表

类型	关系	说明
IndexIntersects	索引相交	查询目标图层要素的索引范围与相交的部分
Unknown	未知	未知关系

其中，最为常用的空间关系包括相交（Intersect）、包含（Contains）、横穿（Crosses）、相接（Touches）等，其查询效果如图7-17所示。

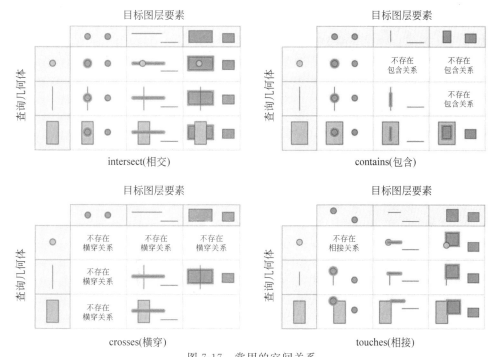

图7-17　常用的空间关系

空间查询必须指定具体的查询几何体 geometry 和空间关系 spatialRelationship，两者缺一不可。例如，通过单击地图上的位置几何点来查询要素，代码如下：

```
lifecycleScope.launch {
    //监听单击地图
    mapView.onSingleTapConfirmed.collect { tapConfirmedEvent ->
        val queryParams =QueryParameters().apply {
            geometry =tapConfirmedEvent.mapPoint                    //几何体
            spatialRelationship =SpatialRelationship.Intersects     //空间关系
            maxFeatures =1                                          //最多查询数量
        }
        featureTable.queryFeatures(queryParams).onSuccess {
            //选择查询到的要素
```

```
            featureLayer.selectFeatures(it.asIterable())
        }.onFailure {
            Log.v("FeatureTable", "加载失败:${it}!")
        }
    }
}
```

其中,查询几何体为用户触摸地图空间上的位置(点几何体),空间关系定位为相交。另外,为了能够加速查询过程,避免查询到不必要的要素,因此将 maxFeatures 属性设置为 1,即每次最多查询到 1 个要素。

在 Query 应用中,单击【空间查询】按钮后,单击地图上任何一个位置即可执行上述代码。当用户单击到某个要素时,即可选择该要素,其显示效果如图 7-18 所示。

图 7-18　空间查询

7.2.2　请求模式

在 ArcGIS Maps SDK 中,要素表定义了如下 4 种要素请求模式(FeatureRequestMode)。

(1) ManualCache：手动请求,通过 populateFromService 函数实现。

(2) OnInteractionCache：自动请求,按需缓存所需要的要素。

(3) OnInteractionNoCache：自动请求,但是不进行缓存。

(4) Undefined：未定义。

在默认情况下,要素表的请求模式为 OnInteractionCache,但是,当要素较多时,可以结合实际需求,使用手动请求模式。对于部分要素表,仅支持不同的请求模式,例如 OGCFeatureCollectionTable 仅支持 ManualCache 和 OnInteractionCache 模式。

注意 OnInteractionCache 可以缓存要素，非常高效，但是当要素非常多时，可能会导致内存占用较多，因此可以适当地选择 OnInteractionNoCache 或 ManualCache 以减少内存占用。

当将要素表的请求模式设置为手动模式时，要素图层并不能自动展示地图空间范围内的要素，而是需要要素表的 populateFromService 函数获得某个范围内的要素。在 Query 应用中，单击【手动请求模式】按钮即可将当前 jjj_region 图层的请求模式切换为手动模式，并且当用户改变了地图控件的显示范围时可以自动获得当前范围的所有要素，并显示在地图控件上，其实现代码如下：

```
//将请求模式切换为手动模式
featureTable.featureRequestMode = FeatureRequestMode.ManualCache

//监听地图范围变化,请求要素
lifecycleScope.launch {
    //监听地图范围变化
    mapView.navigationChanged.collect{
        //范围
        val extent = mapView.visibleArea?.extent
            ?: return@collect
        //创建查询参数对象
        val queryParams = QueryParameters().apply {
            geometry = extent
            spatialRelationship = SpatialRelationship.Intersects
            maxFeatures = 100
        }
        //获取地图范围内要素
        featureTable.populateFromService(queryParams, false, listOf())
    }
}
```

7.3　Identify 查询

Identify 查询也称为标识查询，其功能类似于在 ArcGIS Pro 中单击地图任何一个位置时查询各个图层的信息，如图 7-19 所示。

7.3.1 节将介绍 Identify 查询的基本用法，以及实现属性表和矢量图层之间的联动等高级用法。

7.3.1　Identify 查询的基本用法

Identify 查询是针对地图控件而言的。在 Identify 查询前，可以使用地图控件的

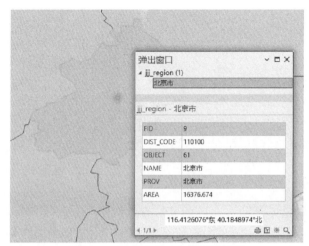

图 7-19 ArcGIS Pro 中的标识查询

isIdentifyEnabled 属性判断当前是否支持 Identify 查询。如果没有任何图层加载,则该属性值为 false。

地图控件提供了如下函数用于 Identify 查询:

- fun identifyLayer(layer: Layer, screenCoordinate: ScreenCoordinate, tolerance: Double, returnPopupsOnly: Boolean): Result<IdentifyLayerResult>
- fun identifyLayer(layer: Layer, screenCoordinate: ScreenCoordinate, tolerance: Double, returnPopupsOnly: Boolean, maximumResults: Int): Result<IdentifyLayerResult>
- fun identifyLayers(screenCoordinate: ScreenCoordinate, tolerance: Double, returnPopupsOnly: Boolean): Result<List<IdentifyLayerResult>>
- fun identifyLayers(screenCoordinate: ScreenCoordinate, tolerance: Double, returnPopupsOnly: Boolean, maximumResults: Int): Result<List<IdentifyLayerResult>>

其中,layer 用于指定查询图层;screenCoordinate 用于指定查询位置;tolerance 用于指定容差;returnPopupsOnly 用于指定是否仅返回 Popups 对象;maximumResults 用于指定最大返回结果的数量。

另外,Identify 查询还可以查询图形叠加层中的图形,其相应的查询函数如下:

- fun identifyGraphicsOverlay(graphicsOverlay: GraphicsOverlay, screenCoordinate: ScreenCoordinate, tolerance: Double, returnPopupsOnly: Boolean): Result<IdentifyGraphicsOverlayResult>
- fun identifyGraphicsOverlay(graphicsOverlay: GraphicsOverlay, screenCoordinate: ScreenCoordinate, tolerance: Double, returnPopupsOnly: Boolean, maximumResults: Int): Result<IdentifyGraphicsOverlayResult>

- fun identifyGraphicsOverlays（screenCoordinate：ScreenCoordinate，tolerance：Double，returnPopupsOnly：Boolean）：Result＜List＜IdentifyGraphicsOverlayResult＞＞
- fun identifyGraphicsOverlays（screenCoordinate：ScreenCoordinate，tolerance：Double，returnPopupsOnly：Boolean，maximumResults：Int）：Result＜List＜IdentifyGraphicsOverlayResult＞＞

由于 Identify 查询兼容要素和图形的查询，因此其查询结果为 GeoElement 类型。地理元素 GeoElement 是要素 Feature 和图形 Graphic 的父类，定义了几何体 geometry 和属性 attributes 两个基本属性。

本节创建了 Identify 应用，用于通过 Identify 查询的方式查询 jjj_region 图层中的数据，下文中的要素图层指代了 jjj_region 图层。例如，当用户单击地图控件中的任何一点时，查询并选择 jjj_region 图层在当前位置下的要素，代码如下：

```kotlin
lifecycleScope.launch {
    //单击地图位置标识要素
    mapView.onSingleTapConfirmed.collect { tapConfirmedEvent ->
        //清除选择
        featureLayer.clearSelection()
        //标识要素
        mapView.identifyLayer(
            layer =featureLayer,          //图层
                //标识位置
                screenCoordinate =tapConfirmedEvent.screenCoordinate,
                tolerance =5.0,           //容差
                returnPopupsOnly =false, //只返回 Popups
            maximumResults =1             //最大查询结果数量
        ).onSuccess {
            //GeoElement 列表
            val geoElements: List<GeoElement>=it.geoElements
            //判断是否查询到 GeoElement
            if (geoElements.isNotEmpty()
                && geoElements.first() is ArcGISFeature) {
                //找到查询的第 1 个要素
                val selectedFeature =geoElements.first()
                                as ArcGISFeature
                //选择要素
                featureLayer.selectFeature(selectedFeature)
            }
        }.onFailure {
            Log.v("Identify", "标识失败:${it}!")
        }
    }
}
```

在上述代码中，通过 identifyLayer 的 layer 参数指定了查询图层。另外，onSuccess 函

数中的 it 指代 IdentifyLayerResult 对象,通过其 geoElements 属性即可获得所有被查询到的 GeoElement 对象。随后,找到并选择被查询的第 1 个要素。上述代码的实现效果和之前介绍的 Query 空间查询的效果类似。

7.3.2 弹出气泡提示

Callout 类可以用于在地图上显示气泡,并提示用户有关信息。Callout 无法被直接创建,只能通过地图控件的 callout 属性获取对象,因此,同一时刻最多只有一个 Callout 显示在地图上。Callout 的主要属性如下。

(1) var isAnimationEnabled:Boolean:显示动画效果,默认值为 false。

(2) val isVisible:Boolean:是否可见,默认值为 false。

Callout 的主要函数如下。

(1) fun show(contentView:View, geoElement:GeoElement, tapLocation:Point? = null):通过显示内容 contentView、显示位置 geoElement 及气泡指向位置 tapLocation 显示气泡信息。

(2) fun show(contentView:View, location:Point, offset:DoubleXY = DoubleXY.zero, rotateOffsetWithGeoView:Boolean = false):通过显示内容 contentView、显示位置 location、偏移距离 offset 及是否随着地图控件旋转偏移 rotateOffsetWithGeoView 这几个属性显示气泡信息。

(3) fun dismiss():取消显示气泡信息。

例如,在地图上通过气泡将点选位置显示为坐标信息,代码如下:

```
mapView.onSingleTapConfirmed.collect {
    //创建气泡要显示的内容:文本框
    val calloutContent =TextView(applicationContext).apply {
        setTextColor(Color.BLACK)                    //字体颜色
        setSingleLine()                              //边框线
        text ="x : " +it.mapPoint? .x? .toInt() +
            ", y : " +it.mapPoint? .y? .toInt()      //内容:坐标信息
    }
    //显示气泡信息
    it.mapPoint? .let { mapPoint ->                  //避免 mapPoint 为空
        mapView.callout.show(calloutContent, mapPoint)
    }
}
```

在上述代码中,在地图单击处理的代码块中,通过代码的方式创建了文本视图 calloutContent,并设置了字体颜色和边框线,以及文本内容。由于在默认情况下地图控件采用 Web 墨卡托投影,因此可以将精度控制到米级,即将坐标值转换为整型。编译并运行程序,单击地图上的任何位置,显示效果如图 7-20 所示。

通过气泡信息可以显示查询结果,例如在 Identify 应用中通过 Identify 查询 jjj_region

图 7-20 通过 Callout 显示气泡

图层后,通过气泡显示行政区的名称,代码如下:

```
//识别要素
mapView.identifyLayer(
    layer = featureLayer,                                        //图层
        screenCoordinate = tapConfirmedEvent.screenCoordinate,   //识别位置
).onSuccess {
    //GeoElement 列表
    val geoElements: List<GeoElement> = it.geoElements
    //判断是否查询到 GeoElement
    if (geoElements.isNotEmpty() && geoElements.first() is ArcGISFeature) {
        ...
        //创建气泡要显示的内容:文本框
        val calloutContent = TextView(applicationContext).apply {
            setTextColor(Color.BLACK)                            //字体颜色
            setSingleLine()                                      //边框线
            text = selectedFeature.attributes["NAME"].toString() //内容
        }

        //显示 callout
        tapConfirmedEvent.mapPoint?.let { mapPoint ->
            mapView.callout.show(calloutContent, mapPoint)
        }
    }
}
```

编译并运行程序,单击 jjj_region 图层中的任意行政区,显示效果如图 7-21 所示。

图 7-21　通过 Callout 气泡显示 Identify

7.3.3　要素图层和属性表的联动

本节综合使用 Query 查询和 Identify 查询,实现 jjj_region 数据的简单属性表,并实现要素图层和属性表之间的联动：单击属性表中的某行时选择要素图层中的对应要素；按下要素图层的要素时则在属性表中标红对应的行,如图 7-22 所示。

图 7-22　要素图层和属性表之间的联动

本节所实现的所有代码均可在 JJJRegion 工程中找到。由于本节的属性表使用了 RecyclerView,因此先简单介绍 RecyclerView 的基本用法,再介绍 JJJRegion 工程的具体实现。

1. RecyclerView

RecyclerView 为可复用列表项的列表视图。对于简单的列表视图 ListView 来讲,如果列表项过多,则会占据大量的内存空间。RecyclerView 只会按需创建合适的列表项视图。如果 RecyclerView 只能容纳显示 6 个列表项视图,就会创建 6 个列表项视图,并且当用户滑动列表时,被划出列表视图之外的列表项会被复用(Reuse),当设置新的数据后会再次进入列表视图的视野内。如图 7-23 所示,当 Item 1 列表项被划出列表后,该列表项并不会被销毁,而是替换为 Item 7 的数据后再显示到列表视图中。

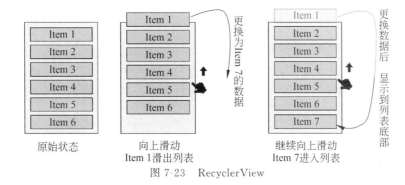

图 7-23　RecyclerView

RecyclerView 视图需要 Adapter 和 ViewHolder 的帮助,其主要功能如下。

(1) ViewHolder:顾名思义,用于持有视图对象,即列表视图的列表项。在实际使用中,需要创建 ViewHolder 的子类,并可以为其设置必要的属性和方法,用于改变列表项的内容和样式,例如,创建一个自定义 CustomViewHolder,代码如下:

```
class ListViewHolder(view : View): RecyclerView.ViewHolder(view) {}
```

其中,view 参数为列表项具体的视图对象。

(2) Adapter:适配器,用于管理和复用 ViewHolder,可谓是 RecyclerView 的核心。开发者需要创建 Adapter 的子类,并实现以下函数。

- fun getItemCount():设置列表项的个数。这里的列表项个数是针对内容而言的,并不是指列表项视图的个数。
- fun onCreateViewHolder(parent:ViewGroup, viewType:Int):通过该函数创建 ViewHolder 对象。
- fun onBindViewHolder(holder:ListViewHolder,position:Int):将数据绑定到 ViewHolder 中的视图中。每当列表项视图创建或者复用后都会调用该函数。

例如,创建一个自定义 CustomAdatper 类,代码如下:

```kotlin
class CustomAdapter(): RecyclerView.Adapter<ListAdapter.ListViewHolder>() {
    //创建 ViewHolder 对象
    override fun onCreateViewHolder(parent: ViewGroup,
                                    viewType: Int): ListViewHolder {
        val view =LayoutInflater.from(parent.context)
            .inflate(R.layout.list_item,parent,false)
        return CustomViewHolder(view)
    }

    //列表项绑定 ViewHolder 对象
    override fun onBindViewHolder(holder: ListViewHolder,
                                  position: Int) {
```

```
        //绑定数据
    }
    //列表项数量
    override fun getItemCount(): Int {
        return 10         //设置列表项个数
    }
}
```

在上述代码中，每次需要用到列表项时都会调用 onCreateViewHolder 函数创建新的 CustomViewHolder。最后，需要为 RecyclerView 设置 Adapter 对象，代码如下：

```
recyclerView.adapter = CustomAdapter()
```

以上为 RecyclerView 的基本用法。

2. JJJRegion 应用的具体实现

下文将通过以下几个步骤实现 JJJRegion 应用：
- 界面设计
- 加载属性表
- 属性表联动要素图层
- 要素图层联动属性表

1）界面设计

JJJRegion 仅包含 1 个 MainActivity，上方通过 MapView 地图控件显示要素图层，下方通过 RecyclerView 列表视图显示属性表，其视图组织方式如图 7-24 所示。

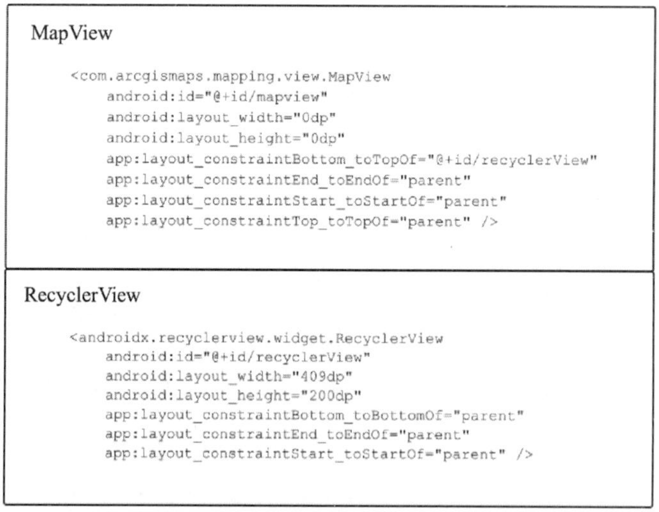

```
MapView
    <com.arcgismaps.mapping.view.MapView
        android:id="@+id/mapview"
        android:layout_width="0dp"
        android:layout_height="0dp"
        app:layout_constraintBottom_toTopOf="@+id/recyclerView"
        app:layout_constraintEnd_toEndOf="parent"
        app:layout_constraintStart_toStartOf="parent"
        app:layout_constraintTop_toTopOf="parent" />

RecyclerView
    <androidx.recyclerview.widget.RecyclerView
        android:id="@+id/recyclerView"
        android:layout_width="409dp"
        android:layout_height="200dp"
        app:layout_constraintBottom_toBottomOf="parent"
        app:layout_constraintEnd_toEndOf="parent"
        app:layout_constraintStart_toStartOf="parent" />
```

图 7-24　JJJRegion 应用中 MainActivity 的布局

在 MainActivity 中定义列表组件，代码如下：

```
//列表控件
private lateinit var recyclerView : RecyclerView
```

获取 RecyclerView 对象,并为其设置线性布局,代码如下:

```
//获取 RecyclerView 对象
recyclerView = findViewById<RecyclerView>(R.id.recyclerview)
//设置线性布局
recyclerView.layoutManager = LinearLayoutManager(this)
```

另外,为了在 RecyclerView 中显示属性表信息,创建两个数组列表,即 code_list 和 detail_list,代码如下:

```
//仅 DIST_CODE
private var code_list = ArrayList<String>()
//列表项
private var detail_list = ArrayList<String>()
```

列表 code_list 通过字符串的方式指定要素的地区代码,用于唯一标识要素;列表 detail_list 通过字符串的方式定义了列表项的显示内容。在列表 code_list 和列表 detail_list 中表示要素信息的顺序是相同的。

随后,通过内部类的方式在 MainActivity 中定义列表适配器类 ListAdapter 和列表视图持有者类 ListViewHolder,代码如下:

```
//Adapter
inner class ListAdapter(val detail_list : ArrayList<String>,
                        val code_list : ArrayList<String>)
        : RecyclerView.Adapter<ListAdapter.ListViewHolder>() {

    //ViewHolder
    inner class ListViewHolder(view : View)
        : RecyclerView.ViewHolder(view) {
        val textView : TextView = view.findViewById(R.id.item_textview)
    }

    //创建 ViewHolder 对象
    override fun onCreateViewHolder(parent: ViewGroup,
                                    viewType: Int): ListViewHolder {
        val view = LayoutInflater.from(parent.context)
            .inflate(R.layout.list_item, parent, false)
        return ListViewHolder(view)
    }

    //列表项绑定 ViewHolder 对象
```

```kotlin
        override fun onBindViewHolder(holder: ListViewHolder,
                                      position: Int) {
            holder.textView.text = detail_list[position]
        }
        //列表项数量
        override fun getItemCount(): Int {
            return detail_list.size
        }

}
```

在上述代码中，将 ListViewHolder 类定义为 ListAdapter 的内部类。ListAdapter 类分别实现了 getItemCount、onCreateViewHolder 和 onBindViewHolder 函数，并且其两个参数分别为用于传入 MainActivity 定义的 code_list 和 detail_list 变量。在 getItemCount 函数中，通过 detail_list.size 获取要素(列表项)的数量。

在 onCreateViewHolder 函数中，将布局文件 list_item.xml 作为列表项的视图，然后作为参数创建 ListViewHolder 对象。在 ListViewHolder 类中，定义了 textView 属性，表示列表项中的文本视图。list_item.xml 布局文件定义，代码如下：

```xml
<?xml version="1.0" encoding="utf-8"?>
<androidx.constraintlayout.widget.ConstraintLayout xmlns:android="http://schemas.android.com/apk/res/android"
    xmlns:app="http://schemas.android.com/apk/res-auto"
    xmlns:tools="http://schemas.android.com/tools"
    android:layout_width="match_parent"
    android:layout_height="44dp">

    <TextView
        android:id="@+id/item_textview"
        android:layout_width="wrap_content"
        android:layout_height="wrap_content"
        android:layout_marginStart="20dp"
        app:layout_constraintBottom_toBottomOf="parent"
        app:layout_constraintStart_toStartOf="parent"
        app:layout_constraintTop_toTopOf="parent" />
</androidx.constraintlayout.widget.ConstraintLayout>
```

在 onBindViewHolder 函数中，将 detail_list 中的具体列表项内容赋值给 ListViewHolder 的 textView 对象，以便显示具体的要素属性信息。

最后，为 recyclerView 对象设置列表适配器 ListAdapter 对象，代码如下：

```kotlin
//设置 Adapter
recyclerView.adapter = ListAdapter(detail_list, code_list)
```

2）加载属性表

为了获取要素信息,并赋值 code_list 和 detail_list 列表内容,创建 loadCodeListAndDetailList 函数,通过 Query 查询方式遍历 jjj_region 数据中的所有要素,并依次将地区编码和属性内容添加到 code_list 和 detail_list 中,代码如下：

```
//加载列表项
suspend fun loadCodeListAndDetailList() {
    //设置查询信息
    val query = QueryParameters().apply {
        whereClause = "1 = 1"
        returnGeometry = false
        //按照 DIST_CODE 排序
        orderByFields.add(OrderBy("DIST_CODE", SortOrder.Ascending))
    }

    //开始查询,加载所有属性
    featureTable.queryFeatures(query, QueryFeatureFields.LoadAll).onSuccess {
        val iterator = it.iterator()
        if (iterator.hasNext()) {
            iterator.forEach { feature ->
                val distCode = feature.attributes["DIST_CODE"].toString()
                val prov = feature.attributes["PROV"].toString()
                val name = feature.attributes["NAME"].toString()
                detail_list.add(distCode + " " + prov + " " + name)
                code_list.add(distCode)
            }
            //刷新列表控件的数据源
            recyclerView.adapter?.notifyDataSetChanged()
        }

    }.onFailure {
        Log.d("JJJRegion", "查询错误: ${it}")

    }
}
```

在上述代码中,通过 QueryParameters 的 orderByFields 属性对查询要素进行排序。排序信息通过 OrderBy 创建,其中第 1 个参数为排序的字段；第 2 个参数为排序类型,由 SortOrder 类型定义,包括升序(Ascending)和降序(Descending)两类。

遍历完所有要素以后,通过列表控件适配器 recyclerView.adapter 的 notifyDataSetChanged 函数刷新所有的列表项。

最后,在成功加载要素表后调用 loadCodeListAndDetailList 函数,代码如下：

```
//加载要素表
```

```kotlin
lifecycleScope.launch {
    featureTable.load().onSuccess {
        ...
        //加载列表项
        loadCodeListAndDetailList()
    }.onFailure {
        Log.v("JJJRegion", "加载失败:${it}!")
    }
}
```

编译并运行程序,此时可以在列表视图中以列表项的方式显示所有要素的属性信息(包括地区编码、省级行政区和地区名称)。

3) 属性表联动要素图层

下面的代码实现属性表联动要素图层,即在属性表中单击某个列表项时可以在要素图层中选择该要素。首先,在 MainActivity 中定义新的变量 selectedCode,用于表示选择的要素 DIST_CODE,代码如下:

```kotlin
//选择的要素 DIST_CODE
private var selectedCode = ""
```

随后,在 ListAdapter 的 onBindViewHolder 函数实现列表项文本视图的单击监听器,当单击某个文本视图时通过 DIST_CODE 查询对应要素,并在要素图层中选择该要素,代码如下:

```kotlin
override fun onBindViewHolder(holder: ListViewHolder,
                              position: Int) {
    holder.textView.text = detail_list[position]
    holder.textView.setOnClickListener {
        //获取 DIST_CODE
        val code = code_list[position]
        //设置查询信息
        val query = QueryParameters().apply {
            whereClause = "DIST_CODE LIKE '%${code}%'"
            returnGeometry = false
        }

        lifecycleScope.launch {
            //开始查询,加载所有属性
            featureTable.queryFeatures(query).onSuccess {
                //判断是否查询到要素
                if (it.count() != 0) {
                    //获取要素
                    val feature: Feature = it.first()
```

```
                //选择要素
                featureLayer.clearSelection()
                featureLayer.selectFeature(feature)
                //获取 DIST_CODE,并赋值 selectedCode
                selectedCode = feature
                            .attributes["DIST_CODE"].toString()
                //刷新列表控件的数据源
                recyclerView.adapter?.notifyDataSetChanged()
            }

        }.onFailure {
            Log.d("JJJRegion", "查询错误: ${it}")
        }
    }
  }
}
```

为了提高查询性能,将 QueryParameters 的 returnGeometry 属性设置为 false,即不返回具体的几何体信息。查询成功且判断有要素被查询到以后,选择其中的第 1 个要素,将 selectedCode 设置为选择要素的地区编码,并通知要素表更新列表项。

4) 要素图层联动属性表

下面的代码实现要素图层联动属性表,即在要素图层上单击某个要素时可以在属性表中加粗显示该要素的属性信息。这里通过地图控件的单击监听器 onSingleTapConfirmed 及 Identify 查询实现,代码如下:

```
lifecycleScope.launch {
    //单击地图位置识别要素
    mapView.onSingleTapConfirmed.collect { tapConfirmedEvent ->
        //清除选择
        featureLayer.clearSelection()
        //识别要素
        mapView.identifyLayer(
            layer = featureLayer,           //图层
            screenCoordinate = tapConfirmedEvent.screenCoordinate,    //识别位置
            tolerance = 5.0,                //容差
            returnPopupsOnly = false,       //只返回 Popups
            maximumResults = 1              //最大查询结果数量
        ).onSuccess {
            //GeoElement 列表
            val geoElements: List<GeoElement> = it.geoElements
            //判断是否查询到 GeoElement
                if (geoElements.isNotEmpty() && geoElements.first() is
            ArcGISFeature) {
```

```
                //找到查询的第 1 个要素
                val feature =geoElements.first() as ArcGISFeature
                //获取 DIST_CODE,并赋值 selectedCode
                selectedCode =feature.attributes["DIST_CODE"] as String
                //选择要素
                featureLayer.selectFeature(feature)
                //刷新列表控件的数据源
                recyclerView.adapter?.notifyDataSetChanged()
            }
        }.onFailure {
            Log.v("JJJRegion", "识别失败:${it}!")
        }
    }
}
```

为了提高查询性能,将 identifyLayer 函数的 maximumResults 参数设置为 1,即最多只能返回 1 个要素。查询成功并判断存在要素(如果用户单击了 jjj_region 图层以外的区域,则不会查询到要素)后,在地图上选择该要素,将 selectedCode 设置为选择要素的地区编码,并通知要素表更新列表项。

为了能够在属性表中突出显示被选择的要素,可以将相应属性的列表项设置为红色,代码如下:

```
//列表项绑定 ViewHolder 对象
override fun onBindViewHolder(holder: ListViewHolder,
                              position: Int) {
    //设置文字内容
    holder.textView.text =detail_list[position]
    //设置文字颜色
    if (selectedCode ==code_list[position]) {
        //将选择要素的列表项赋值为红色
        holder.textView.setTextColor(Color.RED)
    } else {
        //将其他要素的列表项赋值为黑色
        holder.textView.setTextColor(Color.BLACK)
    }
}
```

在上述代码中,匹配 selectedCode 和具体列表项的地区编码:将地区编码相符的列表项文本视图设置为红色字体,表示当前选择的列表项,否则将文本视图设置为黑色字体。

编译并运行程序,此时即实现了要素图层和属性表的双向联动。

7.4 本章小结

Query 查询的通用性更强,是传统的 SQL 查询的延伸和扩展。Identify 查询则更加符合直觉,实现了"指哪儿查哪儿",是一种非常常用的查询工具。Query 查询和 Identify 查询的主要区别如表 7-6 所示。

表 7-6 Query 查询和 Identify 查询的主要区别

主 要 区 别	Query 查询	Identify 查询
查询类型	空间查询或属性查询	仅空间查询
查询主体	要素表	地图控件(1 个或多个图层或图形叠加层)
查询模式	精确查询	模糊查询
查询结果	要素、要素范围、统计信息等	要素或图形

要素表和要素图层除了可以实现数据查询以外,还可以实现数据编辑,第 8 章将介绍移动地理数据库及数据编辑的基本操作方法。

7.5 习题

(1) 安装并运行 GeoServer,并发布 WFS 服务。
(2) 通过 WFS 服务创建要素图层,并实现 Query 查询和 Identify 查询。

第 8 章 数据持久化和数据编辑

数据持久化(Data Persistence)是将数据保存在存储设备中的技术，主要包括结构化存储和非结构化存储。简单来讲，结构化数据是可以通过二维表结构进行定义和组织的数据，通常采用关系型数据库进行存储。非结构化数据即不方便采用二维表结构进行定义和组织的数据，例如独立的参数、字符串、图片、音频、视频、文档等数据。在 GIS 领域，各种向量数据通常为关系数据，采用结构化的方式进行存储；切片数据和栅格数据都属于非关系数据，往往采用非结构化方式存储。

移动数据库(也称为嵌入式数据库)是一类专门用于移动设备的数据库类型。由于移动设备的资源限制，移动数据库往往都向着极致轻量化的方向发展，通常没有独立的服务器作为支撑，这与传统的企业级数据库(如 MySQL、PostgreSQL)具有较大的差异。移动地理数据库(Mobile Geodatabase)是 ESRI 于 2021 年发布的最新地理数据库。移动地理数据库基于 SQLite，专门针对移动设备进行优化，用于存储向量地理空间数据。

本章主要介绍常用的移动地理数据库的基本特征，并在 ArcGIS Maps SDK for Kotlin 中实现移动地理数据库要素类的创建、更新、删除等操作，核心知识点如下：

- 数据持久化
- GeoPackage
- 移动地理数据库
- TableDescription 和 FieldDescription
- 数据编辑

8.1 数据持久化

本节从移动设备中的常用数据持久化技术入手，介绍移动 GIS 数据库及移动地理数据库的基本特征。

8.1.1 移动数据库 SQLite

本节介绍几种常见的移动数据库类型，以及 SQLite 数据的基本用法。本节所介绍的代码均保存在SQLiteDemo实例程序中,界面中包括【创建表】【插入记录】【查询记录】【删除记录】和【修改记录】按钮,如图8-1所示。

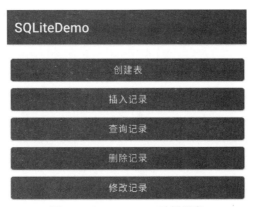

图8-1　SQLiteDemo示例程序

1. 移动数据库基本类型

常见的移动数据库包括SQLite、BerkeleyDB、Couchbase Lite和OpenBASE Lite等。

1) SQLite

SQLite是一个"世纪宝宝",于2000年5月诞生于美军军舰上,用于替代导弹驱逐舰中的Informix数据库,而如今,SQLite是最常用的移动数据库,普遍存在于手机、汽车等各类设备中,浏览器和移动应用中自然也少不了SQLite的身影。据官方估测,有数十亿SQLite数据库活跃在各种设备中。

SQLite支持标准的SQL语法,还遵循了数据库的ACID事务,小巧而强大。常见的移动操作系统(无论是Android、iOS还是HarmonyOS)都对SQLite提供了完整的API。例如,Android四大组件之一ContentProvider提供了对SQLite的直接操作能力,因此,SQLite也几乎成为移动开发中必须掌握的技能。

注意　SQLite的官方网址为 https://www.sqlite.org/。

SQLite具有以下几个特点。

(1) 开源免费:SQLite是开源的。虽然作者对部分代码声明了版权,由于没有开源许可证的支持,所以无法再分发,但是可以免费使用。

(2) 单一文件存储:SQLite无须数据库服务支持,也没有特定的数据库管理工具。一个SQLite数据库就是一个独立的文件(后缀名通常为.sqlite、.sqlite3、.db或.db3等)。

(3) 大量语言可用:编程语言广泛支持SQLite,如Python、C、C++、PHP等都可以对SQLite提供良好的支持。

(4) 最大支持128TB数据量。

2）BerkeleyDB

BerkeleyDB 是一个历史悠久的轻量级数据库，20 世纪 80 年代起源于加州大学伯克利分校，后来被 Oracle 收购。BerkeleyDB 开源免费（但 2.0 版本之后需要双重授权），不仅简单小巧，而且具有高性能特性，最大支持 256TB 数据量。BerkeleyDB 可以作为嵌入式数据库使用，也是 MySQL 的存储引擎之一。如今，比特币的核心代码也应用了 BerkeleyDB。

3）Couchbase Lite

Couchbase Lite 是轻量级 NoSQL 数据库，支持 C、Python 等编程语言，同时支持 Android、iOS 等操作系统。

注意 NoSQL(Not Only SQL)数据库是一种非关系数据库，这个概念最早由 Carlo Strozzi 在 1998 年提出。随着互联网的发展，由于数据量暴增，传统的关系数据库过多的 I/O 操作严重影响了其读写性能，因此，许多 NoSQL 数据库进入开发者的主流视野，例如 Redis、MongoDB 等，结构化存储和非结构化存储方式开始走向统一。

4）OpenBASE Lite

OpenBASE Lite 是国产(东软集团)数据库引擎，可以用于 Symbian、Android 等操作系统，但目前已经停止更新。

2. 在 Android 中使用 SQLite 数据库

在 Android 中，通过 SQLiteDatabase 对象即可轻松地操作 SQLite 数据，下面介绍通过该对象创建数据库和表，并实现增加、修改、删除和查询记录的能力。

注意 除了 SQLiteDatabase 类以外，还可以通过 SQLiteOpenHelper 类用于管理 SQLite 数据库的创建和更新，因篇幅所限，本书不再详细介绍。

在 SQLiteDemo 工程中，通过单击【创建表】【插入记录】【查询记录】【删除记录】和【修改记录】按钮即可实现相应的功能。

1）创建数据库

通过 SQLiteDatabase 的 openOrCreateDatabase 即可打开（如不存在，则创建）数据库，其中第 1 个参数需要传递数据库文件的位置。本例中将数据库存储在内部存储的 files 目录下，并命名为 test.db，代码如下：

```
class MainActivity : AppCompatActivity() {

    //数据库对象
    private lateinit var db : SQLiteDatabase

    override fun onCreate(savedInstanceState: Bundle?) {
        super.onCreate(savedInstanceState)
        setContentView(R.layout.activity_main)
```

```
        db =SQLiteDatabase.openOrCreateDatabase(filesDir.path +
"//test.db", null)
    }
}
```

在上述代码中,将数据库对象赋值给成员变量 db,为后文的测试提供方便。当数据库创建成功后,在 Android Studio 的 Device File Explorer 窗体中即可找到 test.db 数据库(目录位置类似为/data/data/edu.hebtu.sqlitedemo/files/test.db),如图 8-2 所示。

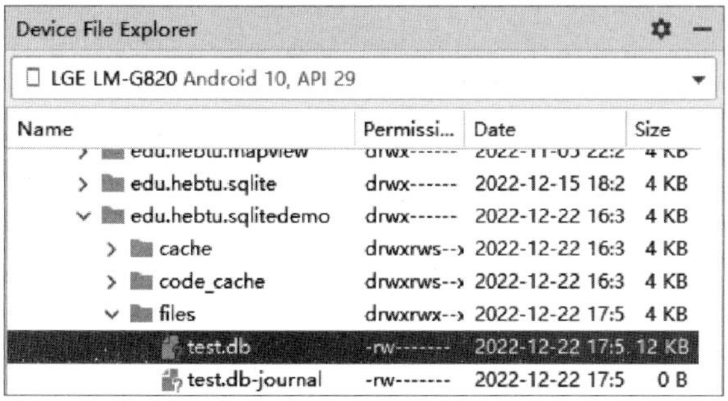

图 8-2　创建 SQLite 数据库

2）创建数据表

通过 SQLiteDatabase 对象的 execSQL 函数即可执行 SQL 语句。创建用户表(user),并增加主键字段_id,以及两个文本字段 username(用户名)和 password(密码),代码如下:

```
try {
    db.execSQL ( " create table user ( _ id integer primary key autoincrement,
username text, password text)")
}catch (e : Exception) {
    //如果已存在 user 表,则会抛出异常
println(e.toString())
}
```

如果已存在 user 表,当再次创建 user 表时则会抛出异常,因此通过 try-catch 语句块将代码包裹起来。

3）插入记录

通过 SQLiteDatabase 对象的 insert 函数即可插入记录。插入用户名为 dongyu 且密码为 123456 的记录,代码如下:

```
val user =ContentValues()
user.put("username", "dongyu")
user.put("password", "123456")
db.insert("user", null, user)
```

4）查询记录

通过 SQLiteDatabase 对象的 query 函数即可查询数据，其参数依次为表名（table）、查询列（columns）、查询字句（selection）、查询字句参数（selectionArgs）、分组子句（groupBy）、Having 子句（having）和排序子句（orderBy）。查询 user 表中所有的数据并在 Logcat 中输出，代码如下：

```kotlin
var cursor = db.query("user",null,null,null,null,null,null);
if (cursor.moveToFirst()) {
    do {
        val _id = cursor.getInt(0)
        val username = cursor.getString(1)
        val password = cursor.getString(2)
        println("id: ${_id}, username: ${username}, password: ${password}")
    } while (cursor.moveToNext())
}
```

5）删除记录

通过 SQLiteDatabase 对象的 delete 函数即可删除记录。例如，删除 username 为 dongyu 的记录，代码如下：

```kotlin
db.delete("user", "username=?", arrayOf("dongyu"))
```

6）修改记录

通过 SQLiteDatabase 对象的 update 函数即可更新记录。例如，将 dongyu 的密码修改为 654321，代码如下：

```kotlin
val user = ContentValues()
user.put("password", "654321")
db.update("user", user, "username=?", arrayOf("dongyu"))
```

实际上，对于记录的插入、删除、修改（除了查询以外）等操作都可以使用 execSQL 函数实现，execSQL 函数是通用的 SQL 执行函数。

当创建了 user 表并添加了若干记录后，在 Device File Explorer 窗体中的 test.db 文件上右击，选择 Save As 菜单即可将其保存在设备中。在 DB Browser for SQLite 软件中，单击【打开数据库】按钮即可打开该数据库，如图 8-3 所示。

当 SQLiteDatabase 创建了该数据库后，也会同时创建一些辅助的数据表，如 android_metadata 和 sqlite_sequance 表等。同时，在该软件中也能查看在应用中创建的 user 表。在 user 表上右击，选择【浏览数据】选项，即可查看其中的数据，如图 8-4 所示。

8.1.2 移动 GIS 数据库

8.1.2 节介绍了常见的移动数据库，但是由于 GIS 中的向量数据模型更加符合关系存储

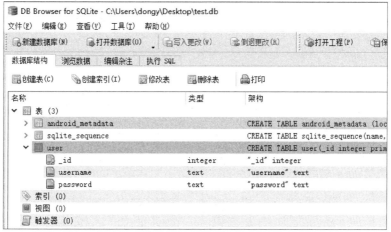

图 8-3　通过 DB Browser 软件打开 SQLite 数据库

图 8-4　查看 user 数据表

特性,并且 SQLite 数据库的流行地位,所以常见的移动 GIS 数据库是在 SQLite 的基础上发展而来的,主要包括 SpatiaLite、GeoPackage 和 MobileGeodatabase。

1) SpatiaLite

SpatiaLite 起源于 2008 年 3 月,是开源的 SQLite 的空间扩展。SpatiaLite 是 OGC 的简单几何对象模型(OGC-SFS)的实现,因此只提供了向量存储能力。如需存储栅格数据,则需要借助 librasterlite2 实现。

注意　OGC 全称为开放地理空间联盟(Open Geospatial Consortium),是一个针对地理信息系统规范化的非营利的国际标准组织。OGC 的诞生是为了制订一系列数据访问的规范和准则,用于解决在不同开源 GIS 软件之间进行数据共享和交互性数据处理,但是鉴于其影响力越来越大,一些提供商业 GIS 产品的公司(例如 ESRI、谷歌等)也逐步加入了 OGC。虽然 OGC 是一个非营利非政府的组织,其标准也不带有强制性,但是目前在绝大多数 GIS 软件和平台中,在不同程度上参考和符合了这些标准。

在 OGC-SFS 标准中包含了众多不同的几何对象,如图 8-5 所示,几何对象可以采用 WKT(Well-known Text)和 WKB(Well-known Binary)进行描述,前者采用文本的方式存储信息,而后者采用二进制的方式存储信息。通过 WKT 和 WKB 的方式可将地理要素的空间特征抽象为文本或二进制码,从而方便地将其存储在数据库中。在 SpatiaLite 中的向量图形都是通过 WKB 的方式进行存储的,不过并不是单纯的 WKB,还在二进制中加入了空间参考、四至范围等信息。

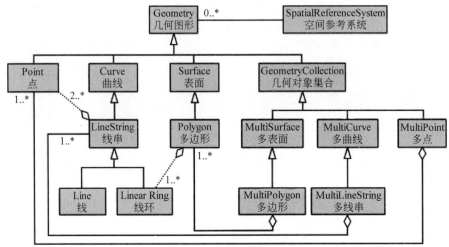

图 8-5　OGC-SFS 标准中的几何图形

目前,SpatiaLite 的更新速度较慢,而且有更加优秀的 GeoPackage 数据库可以作为替代。

2) GeoPackage(地理包)

SpatiaLite 是 OGC 的实现,而 GeoPackage 本身就是 OGC 标准,由 OGC 在美国军方的支持下于 2014 年发布。GeoPackage 同样基于 SQLite 数据库(扩展名通常为.gpkg),具有以下几个方面的优势:

(1) GeoPackage 广泛地被各大 GIS 软件支持,不仅应用在移动领域,而且是重要的地理空间数据交换格式。

(2) GeoPackage 支持向量和栅格存储。

(3) GeoPackage 支持的最大数据量为 140TB。

和 SpatiaLite 类似,GeoPackage 也同样使用 WKB 的方式存储几何数据,并且也同样经过了扩展。在 GeoPackage 中,除了 WKB 编码以外,在二进制中增加了版本、类型、空间参考、四至范围等信息,所以 GeoPackage 的几何二进制值和 PostGIS、SpatiaLite 中使用 WKB 存储的几何值有所不同。

在本书的示例数据中包含了 jjj.gpkg 数据库,主要存储了如下数据:

(1) 京津冀地区的向量范围(jjj_region),几何要素类型为面(Polygon)。

(2) 京津冀地区的高程采样点(elevation_sample),几何要素类型为点(Point)。

这些数据可以通过 ArcGIS Pro 软件打开,如图 8-6 所示。

类似地,通过 DB Browser for SQLite 软件也可以浏览 GeoPackage 数据库,如图 8-7

第8章 数据持久化和数据编辑 257

图 8-6 在 ArcGIS Pro 中打开 GeoPackage 数据库

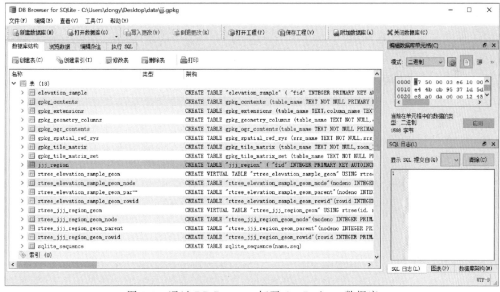

图 8-7 通过 DB Browser 打开 GeoPackage 数据库

所示。

在该数据库中,除了 jjj_region 和 elevation_sample 数据表以外,还包括以 gpkg 开头的表(主要是元数据信息),以及以 rtree 开头的数据表(空间索引)。

除了 SpatiaLite 和 GeoPackage 以外，ESRI 也发布了基于 SQLite 的移动地理数据库。

8.1.3 移动地理数据库

ESRI 针对不同平台提出了多种不同的地理数据库(Geodatabase)类型，主要包括以下几种。

(1) FGDB(File Geodatabase)：以文件系统为基础的数据库类型，是目前最为完善的地理数据库，具有跨平台、无空间限制、高效率的特性，至今仍然被广泛应用。FGDB 中可以包含多个数据集，其中每个数据集的最大容量为 1TB。

(2) PGDB(Personal Geodatabase)：基于微软 Access 数据(mdb 格式)的地理数据库，最大存储空间为 2GB，并且只能应用在 Windows 操作系统中，目前应用较少，已经无法在 ArcGIS Pro 中访问。

(3) EGDB(Enterprise Geodatabase)：前身为 ArcSDE Geodatabase，是基于商用数据库(SQLServer、Oracle 或 PostgreSQL 等)的数据库类型，具有跨平台、多读多写、DBMS 机制等优势。

(4) MGDB(Mobile Geodatabase)：基于 SQLite 的地理数据库，于 2021 年提出的全新地理数据库类型，其扩展名通常为.geodatabase。

地理数据库采用 ST_Geometry 数据类型存储几何信息。ST_Geometry 数据类型遵循用户定义数据类型 (UDT) 的 SQL 3 规范，用于创建可存储空间数据(如地标、街道或土地宗地的位置)的列。该数据类型可通过符合国际标准化组织（ISO）和开放地理空间联盟（OGC）标准的结构化查询语言（SQL）访问地理数据库和数据库。ST_Geometry 数据类型旨在充分利用数据库资源；与数据库要素(如复制与分区)兼容；可快速访问空间数据。除了 ST_Geometry，ESRI 还为这种数据类型提供了一系列的操作方法，如 ST_Area、ST_Len 等。

ST_Geometry 及其子类的继承关系如图 8-8 所示。

目前，移动地理数据库支持以下数据类型。

(1) 数据表(Table)：非空间的关系数据表。

(2) 要素类(Feature Class)：用于存储向量数据，支持 3D 对象要素类(3D Object Feature Class)、注记(Annotation)、尺寸(Dimension)、视图(View)等。

(3) 关系类(Relationship Class)：用于表述对象关系。

(4) 要素数据集(Feature Dataset)：同类要素类的集合，支持宗地结构(Parcel fabrics)、拓扑(Topology)、追踪网络(Trace Network)和设施网络(Utility network)等。

注意 移动地理数据库暂时不支持栅格数据存储。

在本书的示例数据中包含了 jjj.geodatabase 数据库。和 jjj.gpkg 类似，jjj.geodatabase 也存储了京津冀地区的向量范围(jjj_region)和高程采样点(elevation_sample)。在 DB Browser 软件打开该数据库，如图 8-9 所示。

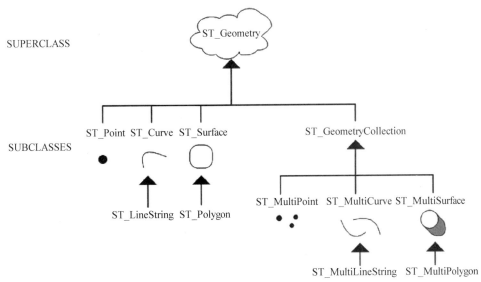

图 8-8　ST_Geometry 及其子类的继承关系

图 8-9　通过 DB Browser 打开移动地理数据库

可见，移动地理数据库中元数据等信息主要以 GDB_ 和 st_ 开头。

由于 GeoPackage 和移动地理数据库都基于 SQLite，并且后缀名可以是任意的，所以可以在 ArcGIS Pro 中查看数据库的属性，从而判断其数据库的类型，如图 8-10 所示。

ArcGIS Pro 也可以用于创建移动地理数据库。在 ArcGIS Pro 的目录（Catalog）窗口中，在任意文件夹上右击，选择【新建】→【移动地理数据库】按钮即可创建新的移动地理数据库。

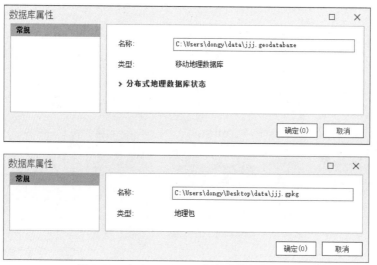

图 8-10　在 ArcGIS Pro 中查看数据库属性

8.2　通过 ArcGIS Maps SDK 操作移动 GIS 数据库

本节介绍在 ArcGIS Maps SDK 中打开移动地理数据库（Mobile GDB）和地图包（GeoPackage）的方法，并实现移动地理数据库的创建和基础向量编辑操作。

8.2.1　访问移动地理数据库和 GeoPackage

本节介绍如何打开移动地理数据库和 GeoPackage 中的向量数据，并将其添加到地图中。本节所涉及的所有代码均可以在示例工程 LocalFeatureTables 中找到，单击其主界面的【加载数据】按钮，包含了 3 个选项，分别对应本节所实现的 3 个函数，如图 8-11 所示。

（1）加载 Geodatabase 全部要素类：loadGeodatabase。

（2）加载 GeoPackage 全部要素类：loadGeoPackage。

（3）加载 Geodatabase 单一要素类：loadGeodatabaseWithRenderer。

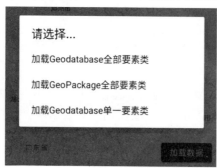

图 8-11　LocalFeatureTables 示例应用

为了让应用用到 jjj.gpkg 和 jjj.geodatabase 数据库，首先以 Assets 资源的方式将这两个数据库打包到应用的安装包（apk）文件中。在程序运行时，将 jjj.gpkg 和 jjj.geodatabase 数据库复制到外部存储，代码如下：

```
class MainActivity : AppCompatActivity() {

    override fun onCreate(savedInstanceState: Bundle?) {
        super.onCreate(savedInstanceState)
        setContentView(R.layout.activity_main)

        copyFilesFromAssets("jjj.geodatabase")
        copyFilesFromAssets("jjj.gpkg")
        …
    }
    …
}
```

Assets 资源的使用及 copyFilesFromAssets 函数可参见 5.2.2 节的相关内容。

1. 打开向量数据并创建 FeatureLayer

创建 loadGeoPackage 函数和 loadGeodatabase 函数，分别用于加载 GeoPackage 和移动地理数据库中的向量数据。值得注意的是，操作 GeoPackage 图层需要 Standard 及以上级别的许可。

1）加载移动地理数据库

Geodatabase 类用于管理移动地理数据库，其构造方法如下：

```
fun Geodatabase(path: String)
```

其中，path 用于指定移动地理数据库的位置。创建 Geodatabase 对象以后，还需要加载才能获取数据库的具体内容。Geodatabase 的加载和管理方法如下。

（1）open suspend override fun load()：Result＜Unit＞：加载 Geodatabase 数据库。

（2）open suspend override fun retryLoad()：Result＜Unit＞：重试加载 Geodatabase 数据库。

（3）open override fun cancelLoad()：取消加载 Geodatabase 数据库。

（4）fun close()：关闭 Geodatabase 数据库。

加载成功后，通过 Geodatabase 的以下数据可获取要素表、注记表和尺寸要素表的列表。

（1）val featureTables：List＜GeodatabaseFeatureTable＞：要素表（FeatureTable）列表。

（2）val annotationTables：List＜GeodatabaseFeatureTable＞：注记表（AnnotationTable）列表。

（3）val dimensionTables：List＜GeodatabaseFeatureTable＞：尺寸要素表（DimensionTable）

列表。

尺寸(Dimension)是一种特殊的注记，用于指明地图上特定的长度和距离。尺寸通过尺寸要素(Dimension Feature)表达，是一种特殊的要素，由起始尺寸点、终止尺寸点、尺寸注记线等组成，如图8-12所示。

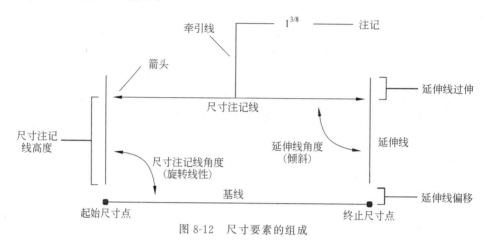

图8-12　尺寸要素的组成

在 loadGeodatabase 函数中，首先加载所有的要素类，然后添加到地图中，代码如下：

```
//加载 GeodatabaseFeatureTable
private suspend fun loadGeodatabase() {
    //Geodatabase 文件位置
    val geodatabaseFile = File(getExternalFilesDir(null), "/jjj.geodatabase")
    //创建 Geodatabase 对象
    val geodatabase = Geodatabase(geodatabaseFile.path)
    //加载 Geodatabase
    geodatabase.load().onSuccess {
        //遍历并获取 FeatureTable
        for (featureTable in geodatabase.featureTables) {
            //创建 FeatureLayer
            val featureLayer = FeatureLayer
                .createWithFeatureTable(featureTable)
            //添加到地图中
            mapView.map?.operationalLayers?.add(featureLayer)
        }
    }.onFailure {
        println("Geodatabase 加载错误：${it.message}")
    }
}
```

在上述代码中，创建 geodatabase 对象，加载 jjj.geodatabase 数据库中的内容。通过 geodatabase 对象的 featureTables 属性获取所有的要素表。遍历这些要素表，并依次创建要素图层，添加到地图对象的业务图层列表中。执行上述函数后，地图的显示效果如图8-13所示。

第8章　数据持久化和数据编辑　263

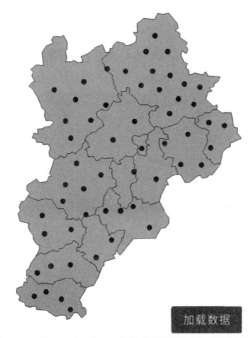

图 8-13　将 Geodatabase 中的向量要素表加载到地图中

2）加载 GeoPackage

在 ArcGIS Maps SDK 中，加载 GeoPackage 的方法和 Geodatabase 十分类似。GeoPackage 类用于管理 GeoPackage 数据库，其构造方法如下：

```
fun GeoPackage(path: String)
```

其中，path 用于指定 GeoPackage 的位置。GeoPackage 的加载方法如下。

（1）open suspend override fun load()：Result＜Unit＞：加载 GeoPackage 数据库。

（2）open suspend override fun retryLoad()：Result＜Unit＞：重试加载 GeoPackage 数据。

（3）open override fun cancelLoad()：取消加载 GeoPackage 数据库。

（4）fun close()：关闭 GeoPackage 数据库。

加载成功后，通过 GeoPackage 的以下数据可获取向量数据和栅格数据的列表。

（1）val geoPackageFeatureTables：List＜GeoPackageFeatureTable＞：要素表（FeatureTable）列表。

（2）val geoPackageRasters：List＜GeoPackageRaster＞：栅格数据列表。

在 loadGeoPackage 函数中，加载所有的要素类，并添加到地图中，代码如下：

```
//加载 GeoPackageFeatureTable
private suspend fun loadGeoPackage() {
```

```kotlin
//GeoPackage 文件位置
val geopackageFile =File(getExternalFilesDir(null), "/jjj.gpkg")
//创建 GeoPackage 对象
val geoPackage =GeoPackage(geopackageFile.path)
//加载 GeoPackage
geoPackage.load().onSuccess {
    //遍历并获取 FeatureTable
    for (featureTable in geoPackage.geoPackageFeatureTables) {
        //创建 FeatureLayer
        val featureLayer =FeatureLayer
            .createWithFeatureTable(featureTable)
        //添加到地图中
        mapView.map?.operationalLayers?.add(featureLayer)
    }
}.onFailure {
    println("Geopackage 加载错误: ${it.message}")
}
```

该函数的显示效果和图 8-13 类似。

2. 图层渲染

本节首先获取移动地理数据库中的 jjj_region 图层，然后进行符号化和标注，最后显示在地图上。为了获得移动地理数据库中特定的要素表，可以通过 Geodatabase 类的以下几个函数实现。

- fun getFeatureTable(serviceLayerId：Long)：GeodatabaseFeatureTable?
- fun getFeatureTable(tableName：String)：GeodatabaseFeatureTable?
- fun getAnnotationTable(serviceLayerId：Long)：GeodatabaseFeatureTable?
- fun getAnnotationTable(tableName：String)：GeodatabaseFeatureTable?
- fun getDimensionTable(serviceLayerId：Long)：GeodatabaseFeatureTable?
- fun getDimensionTable(tableName：String)：GeodatabaseFeatureTable?

其中，tableName 参数是要素类的名称，serviceLayerId 是要素类的编号。在 ArcGIS Pro 中，如果要查看某个移动地理数据库的要素类属性，则可在源(Source)选项卡中单击 按钮查询其编号，如图 8-14 所示。

jjj_region 要素类的属性表如图 8-15 所示。

该属性表中各个字段的类型和描述如表 8-1 所示。

表 8-1 jjj_region 要素类属性字段

字段	类型	描述
OBJECTID	对象 ID integer	主键
DIST_CODE	长整型 int32	行政区编号

续表

字 段	类 型	描 述
NAME	文本 text(22)	行政区名称
PROV	文本 text(20)	省级行政区名称
SUM_AREA	双精度 float64	面积
Shape	几何 geometryblob	几何图形
st_area(Shape)	双精度 float64	面积（ArcGIS Pro 自动计算）
st_perimeter(Shape)	双精度 float64	周长（ArcGIS Pro 自动计算）

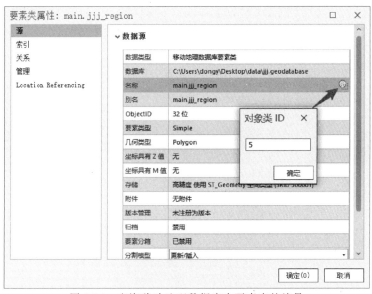

图 8-14 查询移动地理数据库中要素表的编号

	OBJECTID *	DIST_CODE	NAME	PROV	SUM_AREA	Shape *	st_area(Shape)	st_perimeter(Shape)
1	1	130700	张家口市	河北省	36813.457	面	3.93543	11.768068
2	2	130400	邯郸市	河北省	12052.992	面	1.221509	5.837429
3	3	130500	邢台市	河北省	12456.883	面	1.263504	5.830326
4	4	130800	承德市	河北省	39475.155	面	4.243468	12.629569
5	5	130300	秦皇岛市	河北省	7756.057	面	0.814499	4.436209
6	6	130200	唐山市	河北省	13113.831	面	1.381177	6.292464
7	7	130600	保定市	河北省	22208.918	面	2.309309	8.318989
8	8	130100	石家庄市	河北省	14076.976	面	1.441982	6.179792
9	9	131100	衡水市	河北省	8826.45	面	0.903016	5.376768
10	10	110100	北京市	北京市	16376.674	面	1.730701	8.069749
11	11	120200	天津市	天津市	11616.428	面	1.200215	6.671142
12	12	130900	沧州市	河北省	14069.447	面	1.447423	7.200271
13	13	131000	廊坊市	河北省	5166.619	面	0.67679	5.897937

图 8-15 jjj_region 要素类的属性表

在 loadGeodatabaseWithRenderer 函数中，仅加载 jjj_resion 要素类，并对 NAME 属性进行标注，实现无填充色彩的要素图层，代码如下：

```kotlin
//加载 GeodatabaseFeatureTable
private suspend fun loadGeodatabaseWithRenderer() {
    //Geodatabase 文件位置
    val geodatabaseFile = File(getExternalFilesDir(null), "/jjj.geodatabase")
    //创建 Geodatabase 对象
    val geodatabase = Geodatabase(geodatabaseFile.path)
    //加载 Geodatabase
    geodatabase.load().onSuccess {
        //获取指定要素类的 FeatureTable
        var featureTable = geodatabase.getFeatureTable("jjj_region")
        //创建 FeatureLayer
        val featureLayer = FeatureLayer
            .createWithFeatureTable(featureTable as FeatureTable)
        //为 FeatureLayer 设置标注
        featureLayer.labelsEnabled = true
        val textSymbol = TextSymbol().apply {
            size = 12f                        //字体大小
            color = Color.black               //字体颜色
            haloColor = Color.white           //边框颜色
            haloWidth = 2f                    //边框大小
        }
        val arcadeLabelExpression =
            ArcadeLabelExpression("\$feature.NAME")
        val labelDefinition = LabelDefinition(arcadeLabelExpression,
                textSymbol).apply {
            placement = LabelingPlacement.PolygonAlwaysHorizontal
        }
        featureLayer.labelDefinitions.add(labelDefinition)
        //为 FeatureLayer 设置符号
        val sms = SimpleFillSymbol(SimpleFillSymbolStyle.Null,
            Color.red,
            SimpleLineSymbol(SimpleLineSymbolStyle.Solid, Color.black, 1f))
        featureLayer.renderer = SimpleRenderer(sms)
        //将 FeatureLayer 添加到业务图层列表中
        mapView.map?.operationalLayers?.add(featureLayer)
    }.onFailure {
        println("Geodatabase 加载错误: ${it.message}")
    }
}
```

执行上述代码，jjj_region 的显示效果如图 8-16 所示。

图 8-16 渲染 jjj_region 要素图层

8.2.2 数据编辑

本节介绍如何创建移动地理数据库、要素类，并进行简单的数据编辑操作。需要注意的是，数据编辑需要基本（Basic）及以上许可，Lite 许可无法使用。

本节所介绍的所有代码均可在 Geodatabase 示例程序中找到。运行该程序，如图 8-17 所示，单击地图上的任意位置可以增加指定土地利用类型的要素，单击【要素操作】按钮即可弹出数据编辑菜单，如图 8-18 所示，可以进行要素的增加、查询、修改和删除操作。

图 8-17 Geodatabase 示例程序

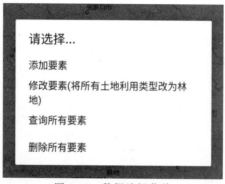

图 8-18 数据编辑菜单

1. 创建移动地理数据库

通过 Geodatabase 的 create 函数创建数据库,函数签名如下:

```
public final suspend fun create(path :String)
```

其中,path 为数据库的路径,可以指定内部或者外部存储的路径。

创建成员变量 mGeodatabase,以及创建和加载数据函数 loadOrCreateGeodatabase,代码如下:

```
//Geodatabase 对象
private var mGeodatabase : Geodatabase? =null

/**
 * 加载 Geodatabase(如果不存在,则创建)
 */
private suspend fun loadOrCreateGeodatabase(
    filename : String ="test.geodatabase") {
    //如果 Geodatabase 已经打开,则先关闭 Geodatabase
    mGeodatabase?.close()
    //Geodatabase 文件位置
    val geodatabaseFile =File(getExternalFilesDir(null),
        "/" +filename)
    //判断数据库文件是否存在
    if (!geodatabaseFile.exists()) {
        //如果不存在,则创建
        Geodatabase.create(geodatabaseFile.path).onSuccess {
            println("Geodatabase 创建成功!")
            //加载创建的 Geodatabase
            loadGeodatabase(filename)
        }.onFailure {
            println("Geodatabase 创建错误: ${it.message}")
        }
```

```
    } else {
        //加载 Geodatabase
        loadGeodatabase(filename)
    }
}
```

通过 File 对象指定外部存储的 test.geodatabase 数据库。如果该数据库存在，则调用 loadGeodatabase 函数加载数据库；如果该数据库不存在，则创建数据库后再调用 loadGeodatabase 函数。loadGeodatabase 函数的代码如下：

```
/**
 * 加载 Geodatabase
 */
private suspend fun loadGeodatabase(filename : String) {
    //初始化 Geodatabase 对象
    mGeodatabase = Geodatabase(getExternalFilesDir(null)?.path
        +"/" +filename)
    //如果该数据库存在,则加载
    mGeodatabase?.load()?.onSuccess {
        println("Geodatabase 加载成功!")
        //加载要素表
        loadOrCreateFeatureTable()
    }?.onFailure {
        println("Geodatabase 加载错误: ${it.message}.")
    }
}
```

数据库加载成功后，调用 loadOrCreateFeatureTable 函数加载要素类。

最后，在 onCreate 函数中调用 loadOrCreateGeodatabase 函数，用于在每次启动程序时加载数据库内容，代码如下：

```
override fun onCreate(savedInstanceState: Bundle?) {
    super.onCreate(savedInstanceState)
    setContentView(R.layout.activity_main)

    ...

    //加载 test.geodatabase,如果不存在,则创建
    lifecycleScope.launch{
        loadOrCreateGeodatabase()
    }

}
```

首次安装并运行应用程序，输出的内容类似如下：

```
18160-18160/edu.hebtu.geodatabase I/System.out: Geodatabase 创建成功!
18160-18160/edu.hebtu.geodatabase I/System.out: Geodatabase 加载成功!
```

已经安装后的应用程序再次启动时,不再创建 Geodatabase,输出的内容类似如下:

```
18160-18160/edu.hebtu.geodatabase I/System.out: Geodatabase 加载成功!
```

2. 创建要素类

通过 Geodatabase 的 createTable 函数即可创建表(可以为普通数据表,也可以为要素表),签名如下:

```
suspend fun createTable(tableDescription: TableDescription):
Result<GeodatabaseFeatureTable>
```

其中,TableDescription 对象用于声明表的基本信息。

1)TableDescription 和 FieldDescription

TableDescription 和 FieldDescription 分别用于声明表和字段。TableDescription 构造函数如下。

(1) fun TableDescription(name: String):指定表名称,通常用于创建普通表。

(2) fun TableDescription(name: String, spatialReference: SpatialReference, geometryType: GeometryType):指定表名称、空间参考和几何类型,通常用于创建要素类。

TableDescription 对象的常用属性如表 8-2 所示。

表 8-2 TableDescription 对象的常用属性

属　　性	描　　述
var tableName: String	表名称
var spatialReference: SpatialReference?	空间参考
val fieldDescriptions: MutableList<FieldDescription>	字段列表
var geometryType: GeometryType	几何类型
var hasAttachments: Boolean	是否包含附件(默认值为 false)
var hasM: Boolean	是否包含 M 值(默认值为 false)
var hasZ: Boolean	是否包含 Z 值(默认值为 false)

FieldDescription 类用于声明字段,其构造函数如下:

```
fun FieldDescription(name: String, fieldType: FieldType)
```

其中,name 为字段名称,fieldType 为字段类型,包含 Blob、Date 等子类型,如表 8-3 所示。

表 8-3　fieldType 字段类型

字 段 类 型	描　　　述
Oid	SQLite ID，通常作为自增主键使用
GlobalId	ESRI 全局 ID，属于 UUID
Guid	全局 ID，属于 UUID
Int16	16 位整型
Int32	32 位整型
Int64	64 位整型
Float32	双精度浮点型
Float64	单精度浮点型
Text	普通文本（字符串）
Xml	XML 文本
Date	日期时间
Geometry	几何图形
Blob	二进制码，如图片等二进制信息（Java byte array）
Raster	栅格数据
Unknown	未知

2）实现要素类的创建和加载

在 loadOrCreateFeatureTable 函数中，创建名称为 landuse 的要素类，用于存储土地利用采样点信息（空间参考系为 WGS 1984）；该要素类包含两个字段，分别为自增 OID 字段（名称为 oid）和文本字段（名称为 fclass，用于存储土地利用类型），代码如下：

```
/**
 * 加载要素表(如果不存在,则创建)
 */
private suspend fun loadOrCreateFeatureTable(name : String ="landuse") {
    //判断要素表是否存在,如果存在,则直接读取
    mFeatureTable =mGeodatabase?.getFeatureTable(name)
    if (mFeatureTable ==null) {
        //如果不存在,则创建要素表
        //要素表描述对象
        val tableDescription =TableDescription(name,
            SpatialReference.wgs84(),         //WGS1984 坐标系
            GeometryType.Point)               //点符号
        tableDescription.fieldDescriptions.addAll(
```

```kotlin
            listOf(
                FieldDescription("oid", FieldType.Oid),        //自增主键
                FieldDescription("fclass", FieldType.Text)     //土地利用字段
            )
        )
        mGeodatabase?.createTable(tableDescription)?.onSuccess {
            println("要素表创建成功!")
            //加载要素表
            loadFeatureTable(name)
        }?.onFailure {
            println("要素表创建错误: ${it.message}.")
        }
    } else {
        //如果存在,则加载要素表
        loadFeatureTable(name)
    }
}
```

当要素类存在时直接调用 loadFeatureTable 加载要素类,反之则创建要素类后再进行加载。loadFeatureTable 函数的代码如下:

```kotlin
/**
 * 加载要素表(如果不存在,则创建)
 */
private suspend fun loadFeatureTable(name : String) {
    //判断要素表是否存在,如果存在,则直接读取
    mFeatureTable = mGeodatabase?.getFeatureTable(name)
    //加载要素表
    mFeatureTable?.load()?.onSuccess {
        println("要素表加载成功!")
        //将要素表显示在地图上
        showFeatureTableOnMap()
    }?.onFailure {
        println("要素表加载错误: ${it.message}.")
    }
}
```

为了能够实时展示 landuse 要素表的数据,在要素类加载完毕后,通过 showFeatureTableOnMap 函数将其数据添加到地图上,代码如下:

```kotlin
//要素图层
private var mFeatureLayer : FeatureLayer? = null

/**
```

```kotlin
 * 将要素表显示在地图上
 */
private fun showFeatureTableOnMap() {
    //创建唯一值渲染器对象
    var uvRenderer =UniqueValueRenderer()
    uvRenderer.fieldNames.add("fclass")                    //针对 fclass 字段进行分类
    //创建各唯一值的渲染符号
    val sms_green =SimpleMarkerSymbol(SimpleMarkerSymbolStyle.Cross,
        Color.green, 10f)                                  //绿色十字点符号
    val sms_red =SimpleMarkerSymbol(SimpleMarkerSymbolStyle.Diamond,
        Color.red, 10f)                                    //红色菱形符号
    val sms_blue =SimpleMarkerSymbol(SimpleMarkerSymbolStyle.X,
        Color.fromRgba(0x1A, 0x1A, 0xE6, 0xFF), 10f)       //蓝色交叉符号
    val sms_black =SimpleMarkerSymbol(SimpleMarkerSymbolStyle.Triangle,
        Color.black, 10f)                                  //黑色三角符号
    uvRenderer.uniqueValues.addAll(arrayListOf(
        UniqueValue("", "林地", sms_green, listOf("林地")),
        UniqueValue("", "草地", sms_red, listOf("草地")),
        UniqueValue("", "耕地", sms_blue, listOf("耕地")),
        UniqueValue("", "城镇", sms_black, listOf("城镇"))
    ))
    //清空业务图层
    mapView.map?.operationalLayers?.clear()
    //添加要素图层
    mFeatureLayer =FeatureLayer
        .createWithFeatureTable(mFeatureTable as FeatureTable)
    mFeatureLayer?.apply {
        //设置标注
        labelsEnabled =true
        labelDefinitions.addAll(listOf(
            labelDefinition("林地", Color.green),
            labelDefinition("草地", Color.red),
            labelDefinition("耕地",
                Color.fromRgba(0x1A, 0x1A, 0xE6, 0xFF)),
            labelDefinition("城镇", Color.black)))
        //设置渲染器
        renderer =uvRenderer
    }
    mapView.map?.operationalLayers?.add(mFeatureLayer!!)
}
```

其中，labelDefinition 函数用于生成标注对象，代码如下：

```kotlin
/**
 * 创建针对指定分类和颜色的标注定义对象
```

```
*/
private fun labelDefinition ( fclass: String, textColor: Color ):
LabelDefinition {
    //创建文本符号
    val textSymbol =TextSymbol().apply {
        size =12f                              //字体大小
        color =textColor                       //字体颜色
        haloColor =Color.white                 //边框颜色
        haloWidth =2f                          //边框大小
    }
    //标注内容
    val arcadeLabelExpression =
        ArcadeLabelExpression("\$feature.fclass")
    //创建标注定义
    return LabelDefinition(arcadeLabelExpression, textSymbol).apply {
        placement =LabelingPlacement.PolygonAlwaysHorizontal
        whereClause =String.format("fclass ='%s'", fclass)
    }
}
```

字段 fclass 土地利用类型可能为林地、草地、耕地和城镇，因此在上述代码中，通过不同颜色的标注和符号渲染这些点要素。各类点要素的显示效果如图 8-19 所示。

图 8-19　各类点要素的显示效果

不过，由于该要素类中还没有任何数据，所以需要通过数据编辑的方式对要素进行插入、查询、修改和删除操作。

上文中，创建和加载移动地理数据库，以及创建和加载要素类的有关函数的调用关系如图 8-20 所示。

3. 要素编辑

要素编辑操作是通过 FeatureTable 实现的，包含了许多要素操作函数，以下依次介绍插入、查询、修改和删除要素的操作方法。

1）创建并插入要素

在要素类中增加要素，需要先创建后插入。创建和插入要素所使用的常用函数如下。

（1）fun createFeature()：Feature：创建一个要素。

（2）fun createFeature(attributes：Map＜String，Any?＞, geometry：Geometry?)：Feature：通过要素属性创建要素，要素属性是通过键-值对的方式组织的。

（3）fun canAdd()：Boolean：判断数据源是否可以增加要素。当使用 Lite 许可时无法增加要素。

（4）suspend fun addFeature(feature：Feature)：Result＜Unit＞：增加一个要素。

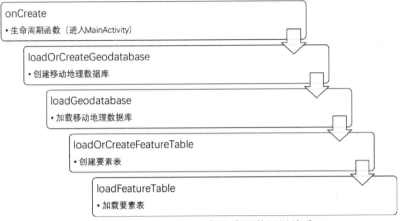

图 8-20 Geodatabase 示例程序函数调用关系

（5）suspend fun addFeatures(features：Iterable＜Feature＞)：Result＜Unit＞：增加多个要素。

创建要素的过程是按照要素类的数据模板创建要素的,但并不操作数据源。插入要素的过程是对数据库的操作过程,将已经配置好的要素插入要素类数据表中。

单击【添加要素】按钮,执行 createFeature 函数,增加一个经度为 115.799745,纬度为 39.044125 且土地利用类型为耕地的要素,代码如下：

```kotlin
/**
 * 添加要素
 */
private suspend fun createFeature() {
    //要素属性
    val attrs =mutableMapOf<String, Any>()
    attrs["fclass"] ="耕地"
    //创建要素
    val feature =mFeatureTable?.createFeature(
        attrs,
        Point(115.799745, 39.044125))
    //添加要素
    mFeatureTable?.addFeature(feature!!)?.onSuccess {
        println("要素添加成功!")
        Toast.makeText(this@MainActivity,
            "增加要素成功,现有要素: ${mFeatureTable?.numberOfFeatures}",
            Toast.LENGTH_SHORT).show()
    }?.onFailure {
        println("要素添加错误: ${it.message}.")
    }
}
```

要素添加成功后，可以通过 FeatureTable 的 numberOfFeatures 获取当前要素类中要素的数量，并以 Toast 方式输出。为了能够更好地实现土地利用数据的数据采集，需要实现单击地图上的任意位置增加土地利用采样点，代码如下：

```kotlin
//选择对话框选择的索引
private var mSelected = 0

override fun onCreate(savedInstanceState: Bundle?) {
    super.onCreate(savedInstanceState)
    setContentView(R.layout.activity_main)
    ...
    //单击地图增加要素
    lifecycleScope.launch {
        mapView.onSingleTapConfirmed.collect { tapConfirmedEvent ->
            //地图上的点
            val mapPoint = tapConfirmedEvent.mapPoint
            //选择属性
            mSelected = 0
            val items = arrayOf("林地", "草地", "耕地", "城镇")
            val builder = AlertDialog.Builder(this@MainActivity)
            builder.setTitle("请选择...")
            builder.setSingleChoiceItems(items, 0) {
                dialogInterface, i ->
                mSelected = i        //选择土地利用类型
            }
            //确认添加要素
            builder.setPositiveButton("确定") { dialogInterface, i ->

                lifecycleScope.launch {
                    //增加要素
                    val attrs = mutableMapOf<String, Any>()
                    attrs["fclass"] = items[mSelected]
                    val feature = mFeatureTable?.createFeature(attrs,
                            mapPoint)
                    mFeatureTable?.addFeature(feature!!)?.onSuccess {
                        println("要素添加成功!")
                        Toast.makeText(
                            this@MainActivity,
                            "增加要素成功,现有要素：" +
                            "${mFeatureTable?.numberOfFeatures}",
                            Toast.LENGTH_SHORT
                        ).show()
                    }?.onFailure {
                        println("要素添加错误：${it.message}.")
                    }
                }
```

```
                }
            }
            val alert = builder.create()
            alert.show()

        }
    }
}
```

此时，单击地图上任意一点即可弹出属性选择对话框，如图 8-21 所示。

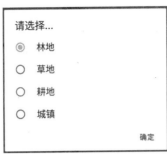

图 8-21　选择土地利用类型

选择任意的土地利用类型，单击【确认】按钮插入要素，此时即可在地图上显示刚刚插入要素。

2）查询要素

通过 queryFeatures 函数即可查询要素，代码如下：

```
suspend fun queryFeatures(parameters: QueryParameters): Result<FeatureQueryResult>
```

单击【查询所有要素】按钮，执行 queryAllFeatures 函数，查询 landuse 要素类中所有的要素，遍历并输出这些要素的属性表，代码如下：

```
//查询所有要素
private suspend fun queryAllFeatures() {
    //设置查询信息
    val query = QueryParameters().apply {
        whereClause = "1 = 1"
        returnGeometry = false
    }

    //开始查询
    mFeatureTable?.queryFeatures(query)?.onSuccess {
        try {
            val iterator = it.iterator()
```

```
                    if (iterator.hasNext()) {
                        //遍历并输出所有的要素
                        iterator.forEach { feature ->
                            val oid = feature.attributes["oid"].toString()
                            val fclass = feature.attributes["fclass"].toString()
                            println("${oid} ${fclass}")
                        }
                    } else {
                        println("未查询到要素")
                    }
                } catch (e: Exception) {
                    println("查询错误：${e}")
                }
            }?.onFailure {
                println("要素查询错误：${it.message}.")
            }
        }
```

执行上述代码，即可在 Logcat 窗体中输出所有的要素，类似内容如下：

```
572-572/edu.hebtu.geodatabase I/System.out: 1 耕地
572-572/edu.hebtu.geodatabase I/System.out: 2 城镇
572-572/edu.hebtu.geodatabase I/System.out: 3 草地
572-572/edu.hebtu.geodatabase I/System.out: 4 耕地
572-572/edu.hebtu.geodatabase I/System.out: 5 林地
```

具体的输出内容与用户添加的要素数量和属性相匹配。

3）更新要素

更新要素所使用的常用函数如下。

（1）fun canUpdate(feature：Feature)：Boolean：判断数据源是否可以更新要素。当使用 Lite 许可时无法更新要素。

（2）suspend fun updateFeature(feature：Feature)：Result<Unit>：更新一个要素。

（3）suspend fun updateFeatures(features：Iterable<Feature>)：Result<Unit>：更新多个要素。

单击【修改要素】按钮，执行 updateFeatures 函数，将所有的要素土地利用类型修改为林地，代码如下：

```
private suspend fun updateFeatures() {
    //设置查询信息
    val query = QueryParameters().apply {
        whereClause = "1 = 1"
        returnGeometry = false
```

```
    }
    //查询所有的要素
    mFeatureTable?.queryFeatures(query)?.onSuccess {
        try {
            //遍历要素
            it.asIterable().forEach { feature ->
                //将土地利用类型修改为"林地"
                feature.attributes.replace("fclass", "林地")
                //更新要素
                mFeatureTable?.updateFeature(feature)?.onSuccess {
                    println("要素修改成功!")
                }?.onFailure {
                    println("要素修改错误：${it.message}.")
                }
            }
        } catch (e: Exception) {
            println("查询错误：${e}")
        }
    }?.onFailure {
        println("要素查询错误：${it.message}.")
    }
}
```

上述代码的执行效果如图 8-22 所示。

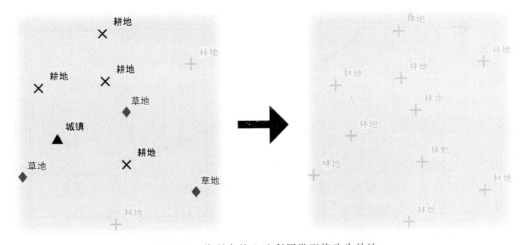

图 8-22　将所有的土地利用类型修改为林地

4）删除要素

删除要素所使用的常用函数如下。

（1）fun canDelete(feature：Feature)：Boolean：判断数据源是否可以删除要素。当使用 Lite 许可时无法删除要素。

（2）suspend fun deleteFeature(feature：Feature)：Result＜Unit＞：删除一个要素。

（3）suspend fun deleteFeatures(features：Iterable＜Feature＞)：Result＜Unit＞：删除多个要素。

单击【删除所有要素】按钮，执行 deleteAllFeatures 函数，删除所有的要素，代码如下：

```kotlin
private suspend fun deleteAllFeatures() {
    //设置查询信息
    val query =QueryParameters().apply {
        whereClause ="1 =1"
        returnGeometry =false
    }
    //查询所有的要素
    mFeatureTable?.queryFeatures(query)?.onSuccess {
        try {
            //删除所有的要素
            mFeatureTable?.deleteFeatures(it.asIterable())?.onSuccess {
                println("要素删除成功!")
            }?.onFailure {
                println("要素删除错误：${it.message}.")
            }
        } catch (e: Exception) {
            println("查询错误：${e}")
        }
    }?.onFailure {
        println("要素查询错误：${it.message}.")
    }
}
```

该函数查询了 landuse 要素类中所有的要素，并通过 deleteFeatures 将其全部删除。

8.3　本章小结

本章以数据持久化为入手介绍了常见的移动数据库，以及 GeoPackage 和移动地理数据库等常见的移动 GIS 数据库，然后通过 ArcGIS Maps SDK 操作了移动地理数据库，并通过数据编辑方法简单实现了土地利用数据的采样。移动地理数据库的性能优越，几乎能够满足绝大多数场景下的向量数据存储需求。

8.4　习题

（1）SpatiaLite、GeoPackage 和移动地理数据库各有什么优缺点？

（2）通过 ArcGIS Maps SDK 实现草地样方的数据采集。

图书推荐

书 名	作 者
HarmonyOS 移动应用开发（ArkTS 版）	刘安战、余雨萍、陈争艳 等
深度探索 Vue.js——原理剖析与实战应用	张云鹏
前端三剑客——HTML5＋CSS3＋JavaScript 从入门到实战	贾志杰
剑指大前端全栈工程师	贾志杰、史广、赵东彦
Flink 原理深入与编程实战——Scala＋Java（微课视频版）	辛立伟
Spark 原理深入与编程实战（微课视频版）	辛立伟、张帆、张会娟
PySpark 原理深入与编程实战（微课视频版）	辛立伟、辛雨桐
HarmonyOS 应用开发实战（JavaScript 版）	徐礼文
HarmonyOS 原子化服务卡片原理与实战	李洋
鸿蒙操作系统开发入门经典	徐礼文
鸿蒙应用程序开发	董昱
鸿蒙操作系统应用开发实践	陈美汝、郑森文、武延军、吴敬征
HarmonyOS 移动应用开发	刘安战、余雨萍、李勇军 等
HarmonyOS App 开发从 0 到 1	张诏添、李凯杰
JavaScript 修炼之路	张云鹏、戚爱斌
JavaScript 基础语法详解	张旭乾
华为方舟编译器之美——基于开源代码的架构分析与实现	史宁宁
Android Runtime 源码解析	史宁宁
恶意代码逆向分析基础详解	刘晓阳
网络攻防中的匿名链路设计与实现	杨昌家
深度探索 Go 语言——对象模型与 runtime 的原理、特性及应用	封幼林
深入理解 Go 语言	刘丹冰
Vue＋Spring Boot 前后端分离开发实战	贾志杰
Spring Boot 3.0 开发实战	李西明、陈立为
Vue.js 光速入门到企业开发实战	庄庆乐、任小龙、陈世云
Flutter 组件精讲与实战	赵龙
Flutter 组件详解与实战	［加］王浩然（Bradley Wang）
Dart 语言实战——基于 Flutter 框架的程序开发（第 2 版）	亢少军
Dart 语言实战——基于 Angular 框架的 Web 开发	刘仕文
IntelliJ IDEA 软件开发与应用	乔国辉
Python 量化交易实战——使用 vn.py 构建交易系统	欧阳鹏程
Python 从入门到全栈开发	钱超
Python 全栈开发——基础入门	夏正东
Python 全栈开发——高阶编程	夏正东
Python 全栈开发——数据分析	夏正东
Python 编程与科学计算（微课视频版）	李志远、黄化人、姚明菊 等
Python 游戏编程项目开发实战	李志远
编程改变生活——用 Python 提升你的能力（基础篇·微课视频版）	邢世通
编程改变生活——用 Python 提升你的能力（进阶篇·微课视频版）	邢世通
编程改变生活——用 PySide6/PyQt6 创建 GUI 程序（基础篇·微课视频版）	邢世通
编程改变生活——用 PySide6/PyQt6 创建 GUI 程序（进阶篇·微课视频版）	邢世通
Diffusion AI 绘图模型构造与训练实战	李福林

续表

书 名	作 者
图像识别——深度学习模型理论与实战	于浩文
数字 IC 设计入门（微课视频版）	白栎旸
动手学推荐系统——基于 PyTorch 的算法实现（微课视频版）	於方仁
人工智能算法——原理、技巧及应用	韩龙、张娜、汝洪芳
Python 数据分析实战——从 Excel 轻松入门 Pandas	曾贤志
Python 概率统计	李爽
Python 数据分析从 0 到 1	邓立文、俞心宇、牛瑶
从数据科学看懂数字化转型——数据如何改变世界	刘通
鲲鹏架构入门与实战	张磊
鲲鹏开发套件应用快速入门	张磊
华为 HCIA 路由与交换技术实战	江礼教
华为 HCIP 路由与交换技术实战	江礼教
openEuler 操作系统管理入门	陈争艳、刘安战、贾玉祥 等
5G 核心网原理与实践	易飞、何宇、刘子琦
FFmpeg 入门详解——音视频原理及应用	梅会东
FFmpeg 入门详解——SDK 二次开发与直播美颜原理及应用	梅会东
FFmpeg 入门详解——流媒体直播原理及应用	梅会东
FFmpeg 入门详解——命令行与音视频特效原理及应用	梅会东
FFmpeg 入门详解——音视频流媒体播放器原理及应用	梅会东
精讲 MySQL 复杂查询	张方兴
Python Web 数据分析可视化——基于 Django 框架的开发实战	韩伟、赵盼
Python 玩转数学问题——轻松学习 NumPy、SciPy 和 Matplotlib	张骞
Pandas 通关实战	黄福星
深入浅出 Power Query M 语言	黄福星
深入浅出 DAX——Excel Power Pivot 和 Power BI 高效数据分析	黄福星
从 Excel 到 Python 数据分析：Pandas、xlwings、openpyxl、Matplotlib 的交互与应用	黄福星
云原生开发实践	高尚衡
云计算管理配置与实战	杨昌家
虚拟化 KVM 极速入门	陈涛
虚拟化 KVM 进阶实践	陈涛
HarmonyOS 从入门到精通 40 例	戈帅
OpenHarmony 轻量系统从入门到精通 50 例	戈帅
AR Foundation 增强现实开发实战（ARKit 版）	汪祥春
AR Foundation 增强现实开发实战（ARCore 版）	汪祥春
ARKit 原生开发入门精粹——RealityKit + Swift + SwiftUI	汪祥春
HoloLens 2 开发入门精要——基于 Unity 和 MRTK	汪祥春
Octave 程序设计	于红博
Octave GUI 开发实战	于红博
Octave AR 应用实战	于红博
全栈 UI 自动化测试实战	胡胜强、单镜石、李睿